山东省精品课程群

茶艺实训教程

张丽娜　主编
魏　越　李　杨　副主编

科学出版社
北　京

内 容 简 介

本书是介绍茶叶与茶艺知识，茶叶冲泡与品饮艺术，以及茶艺表演技能的实训教程。全书采用项目驱动式编写体例，共分 11 个项目。本书结合《茶艺师国家职业标准》讲述了初、中级茶艺师应具备的基础知识和基本技能，既体现了茶文化的深刻内涵，又突出了实用性。

本书既可作为茶艺、旅游管理、饭店管理、餐饮管理等相关专业的教材，也可作为茶艺师岗前培训、就业培训、职业等级考核鉴定的考前培训教材，还可供茶艺爱好者自学之用。

图书在版编目（CIP）数据

茶艺实训教程 / 张丽娜主编. —北京：科学出版社，2018.11

（山东省精品课程群）

ISBN 978-7-03-059063-3

Ⅰ. ①茶… Ⅱ. ①张… Ⅲ. ①茶文化-中国-教材 Ⅳ. ①TS971.21

中国版本图书馆 CIP 数据核字（2018）第 234935 号

责任编辑：王 彦 张云静 / 责任校对：马英菊

责任印制：吕春珉 / 封面设计：东方人华平面设计部

科学出版社 出版

北京东黄城根北街 16 号

邮政编码：100717

http://www.sciencep.com

北京中科印刷有限公司 印刷

科学出版社发行 各地新华书店经销

*

2018 年 11 月第 一 版 开本：787×1092 1/16

2023 年 1 月第四次印刷 印张：11 1/2

字数：259 000

定价：36.00 元

（如有印装质量问题，我社负责调换〈中科〉）

销售部电话 010-62136230 编辑部电话 010-62130750

前　言

中华优秀传统文化源远流长、博大精深，是中华文明的智慧结晶。党的二十大报告指出："坚持和发展马克思主义，必须同中华优秀传统文化相结合。"中华茶文化作为中华优秀传统文化的重要组成部分，体现了谦、和、礼、敬的价值观，对中国人的道德修养和人格塑造产生了深远影响，不断促进着世界文明交流互鉴，在人类社会可持续发展中发挥着重要作用。

中国是茶树的原产地，是茶叶的故乡，茶文化历史悠久、底蕴深厚，有着深厚的群众基础。茶艺作为茶文化的重要组成部分，是中国传统文化中的一朵奇葩。借助泡茶、品茶、茶席设计和茶艺表演的形式美与内容美，可让广大青年学生和茶艺爱好者全方位体验由茶所带来的雅致生活，提高其茶艺技能的同时，进一步提升其美学修养。

本书作为一本实践操作教材，力求通过前后贯通的项目和任务，从基本的茶叶知识与茶叶品鉴入手，逐渐深入，将理论知识与实践操作紧密结合，在实训的重要环节通过安排各种小组任务，激发学生的创新能力，提升学生的人文素养。

本书编排合理，内容深入浅出，突出实用性，特色鲜明，主要特色体现为以下几点。

一、采用项目驱动式编写体例，理论与实践结合紧密

本书共设计 11 个项目，采用项目驱动的方式，从任务导入入手，逐步深入，将一个项目中的各项任务串联起来，最终实现整个项目的目标。学生在有目标指引的状态下学习，积极性会得到极大提升，即学即用的学习模式，也更能激发学生学习的兴趣，提升学生的学习效率。

二、内容编排循序渐进，科学合理，便于掌握

根据知识和能力的内在逻辑，每个项目被分解为若干任务。学生在知识目标的指引下完成基本知识的积累，在此基础上根据实训目标的要求，展开实践训练，最后以小组任务的方式，进行深入、完整的实训，并完成实训报告和实训总结。知识与能力相互贯通，任务之间环环相扣，使实践训练科学合理、有章可循。

三、紧跟行业实际，与时俱进

茶文化虽然历史悠久，但在当今时代已经有了诸多发展和变化，本书编写团队由山东女子学院、山东中医药大学长期从事茶艺与茶文化教学的专任教师及山东省茶文化协会的专家组成，参编人员在实际工作中积累了丰富的知识，不断适应甚至引领茶产业的发展，并将自身的知识、技能及感受融入本书的编写中，使得本书无论是内容还是体例，都能够紧跟时代发展的需要。

四、内容丰富、图文并茂、形象生动

本书内容丰富，具有较强的实用性。通过本书的学习，学生们可以较全面地掌握茶叶分类与品鉴、茶具的选配、茶的冲泡与品饮、茶艺礼仪、茶席设计及茶艺表演等方面的知识与技能，通过小组实训能够在学习的基础上灵活应用。为了增强可读性和可操作性，本书结合内容配有丰富而生动的图片，使教师和学生均能有更加直观的感受，从而收到良好的教学效果。

本书由山东女子学院高级评茶员、高级茶艺师张丽娜副教授担任主编并负责拟定提纲和全书的统稿工作。本书分为11个项目，具体分工为：项目一、项目六、项目九和项目十一由张丽娜编写，项目二和项目三由李杨编写，项目四和项目五由魏越编写，项目七和项目八由张丽娜和魏越编写，项目十由魏越和李杨编写。

本书在编写过程中，学习参考了诸多专家学者的研究成果，实训项目的设计得到了周立华、蔡飞和宫学静三位老师的指导，在此谨表谢意。为了增强内容的丰富性和可读性，本书选用了互联网的部分资料与图片，以及在教学和与茶叶行业企业交流过程中积累的一手文字资料和图片资料。

由于作者水平有限，加之时间仓促，借鉴资料不足，本书难免有疏漏之处，恳请各位同仁和读者不吝赐教，予以批评指正，以便于修订，使之日臻完善。

目　　录

上篇　茶艺基础

下篇 茶 艺 表 演

上篇　茶艺基础

项目一　认 识 茶 叶

任务 1　了解茶叶分类与品鉴

知识目标

熟悉茶叶分类的方法

掌握六大基本茶类的划分及品质特点

实训目标

掌握茶叶评审的基本方法

掌握六大基本茶类中最具代表性茶叶的鉴别

任务导入

俗话说："茶叶喝到老，茶名记不了"，在日常生活中你都喝过哪些茶？或是知道哪些茶？你最喜欢喝的是什么茶？

知识准备

中国茶叶生产历史悠久，茶叶种类丰富多彩，居世界之冠。我国的茶叶不仅种类很多，名称也很复杂，故茶叶行家有句俗话，"茶叶喝到老，茶名记不了"。我国茶叶分类方法不统一，茶叶按照不同的方法可以有不同的分类。

一、按照茶叶制造方法和品质进行分类

现在对茶叶的分类，基本上是根据茶叶制造方法，结合茶叶品质的特点来分类，这种分类方法已为国内外茶叶科技工作者广泛使用，是最常见的分类。具体分为基本茶类和再加工茶类。

基本茶类即绿茶、红茶、青茶、黄茶、白茶和黑茶六大茶类（表 1-1）。再加工茶类是指用上述基本茶类为原料，进行再加工的产品，统称再加工茶类，主要包括花茶、紧压茶、速溶茶、罐装茶、药用保健茶和造型工艺茶等。

表 1-1　六大基本茶类

绿茶 green tea	蒸青绿茶	玉露、煎茶
	晒青绿茶	滇青、陕青、川青、黔青、桂青
	炒青绿茶	龙井、大方、碧螺春、眉茶、珠茶
	烘青绿茶	黄山毛峰、庐山云雾、太平猴魁

续表

红茶 black tea	小种红茶	正山小种、外山小种
	工夫红茶	祁红、闽红、滇红、川红、浮红、越红
	红碎茶	叶茶、碎茶、片茶、末茶
青茶（乌龙茶） oolong tea	闽北乌龙	武夷岩茶、闽北水仙、闽北乌龙、青茶莲心、龙须茶、建州青茶
	闽南乌龙	铁观音、色种、永春佛手、诏安八仙、平和白芽奇兰、漳平水仙茶饼
	广东乌龙	凤凰水仙、凤凰单丛、岭头单丛、石古坪乌龙、大叶奇兰、饶平色种
	台湾乌龙	条形包种茶、半球形包种茶、球形包种茶、膨风茶（也称白毫乌龙、东方美人）、高山乌龙、铁观音
黄茶 yellow tea	黄芽茶	君山银针、蒙顶黄芽
	黄小茶	北港毛尖、沩山毛尖、远安鹿苑、平阳黄汤
	黄大茶	霍山黄大茶、广东大叶青
白茶 white tea	白芽茶	白毫银针
	白叶芽	白牡丹、贡眉
黑茶 dark tea	湖南黑茶	安化黑茶
	湖北老青茶	老青砖
	四川边茶	南路边茶、西路边茶
	滇桂黑茶	六堡茶

二、按照发酵程度进行分类

在茶叶加工中，通常把不同程度的酶促氧化过程称为“发酵”。根据茶叶加工过程中鲜叶中茶多酚的酶促或非酶促氧化程度不同，可将茶叶分为不发酵茶、微发酵茶、轻发酵茶、半发酵茶、全发酵茶和后发酵茶六种类型。部分分类如表 1-2 所示。

表 1-2　茶叶发酵程度分类表

发酵程度	不发酵茶	轻微发酵茶		半发酵茶			全发酵茶
茶类	绿茶	白茶	黄茶	青茶（乌龙茶）			红茶
发酵比例（%）	0	10	15	30	40	70	100
茶名	碧螺春	白牡丹	君山银针	冻顶茶	铁观音	白毫乌龙	正山小种

三、按照生产季节进行分类

茶叶按照生产季节可分为春茶、夏茶、秋茶和冬茶。

春茶一般指 2～5 月采制的茶。春季温度适中，雨量充沛，再加上茶树经过了冬季的休养生息，使得春季茶芽肥硕，色泽翠绿，叶质柔软，且含有丰富的维生素，氨基酸含量尤为丰富，使春茶不但滋味鲜活，且香气宜人，富有保健作用。其中清明前采制的茶称为“明前茶”，谷雨前采制的茶称为“雨前茶”。

夏茶一般指6～7月采制的茶。夏季天气炎热，茶树新梢芽叶生长迅速，茶叶节间较长，略带苦涩味的花青素、咖啡因、茶多酚含量比春茶多，滋味较为苦涩。

秋茶一般指8～9月采制的茶。茶树经春、夏季生长，新梢芽内含物质相对减少，叶片大小不一，叶底发脆，叶色发黄，滋味和香气显得比较平和。但由于秋天昼夜温差较大，且白天气温不高，使得秋茶香气较好，其中9月秋茶适逢谷花时期，故又称“谷花茶”。

冬茶一般指10～11月采制的茶。冬季天气转冷，茶树新梢生长缓慢，一般不采茶，但台湾地区乌龙茶中的“冬片”却是冬季制作且品质绝佳。

四、按照茶树生长环境进行分类

按茶树生长环境可将茶叶分为平地茶和高山茶。平地茶芽叶较小，叶底坚薄，叶面平展，叶色黄绿欠光润。加工后的茶叶条索较细瘦，身骨轻，香气低，滋味淡。高山茶由于其生长环境适合茶树喜温、喜湿、耐阴的习性，素有“高山云雾出好茶”的说法。不同的海拔造成了高山环境的独特性，从气温、降雨量、湿度、土壤到山上生长的树木，这些环境为茶树及茶芽的生长都提供了得天独厚的条件。因此高山茶与平地茶相比，高山茶芽叶肥硕，颜色绿，茸毛多，加工之后条索紧结、肥硕、白毫显露、香气浓郁且耐冲泡。

实践操作

茶叶的品质审评不是易事，要想得到好茶叶，需要掌握大量的知识，如各类茶叶的等级标准、价格与行情，以及茶叶的审评、检验方法等。茶叶的好坏，主要从色、香、味、形四个方面鉴别，但是普通饮茶之人购买茶叶时，一般只能观看干茶的外形和色泽，闻干香，判断茶叶的品质更加不易。这里粗略介绍一下鉴别茶叶的方法。

一、干茶的鉴别

干茶的外形，主要从五个方面来看，即嫩度、条索、色泽、整碎和净度。

（一）嫩度

一般嫩度好的茶叶，其外形光、扁、平、直。有的茶叶芽叶嫩度以多茸毛做判断依据，如毛峰、毛尖、银针等“茸毛类”茶。但是不能仅从茸毛多少来判别嫩度，因各种茶的具体评价标准不一样，如极好的狮峰龙井是体表无茸毛的。这里需要提到的是，最嫩的鲜叶，也得一芽一叶初展，片面采摘芽心的做法是不恰当的。因为芽心是生长不完善的部分，内含成分不全面，特别是叶绿素含量很低，所以不应单纯为了追求嫩度而只用芽心制茶。

（二）条索

条索是各类茶具有的一定外形规格，如炒青条形、珠茶圆形、龙井扁形、红碎茶颗粒形等。一般长条形茶，看松紧、弯直、壮瘦、圆扁、轻重；圆形茶看颗粒的松紧、匀正、轻重、空实；扁形茶看平整光滑程度和是否符合规格。一般来说，如果条索紧、身骨重、圆（扁形茶除外）而挺直，说明原料嫩，做工好，品质优；如果外形松、扁（扁形茶除外）、碎，并有烟、焦味，说明原料老，做工差，品质劣。以杭州地区绿茶条索标准为例：一级为细紧有锋苗，二级为紧细尚有锋苗，三级为尚紧实，四级为尚紧，五级为稍松，六级为粗松。可见，茶以紧、实、有锋苗为上。

（三）色泽

茶叶色泽与原料嫩度、加工技术有密切关系。各种茶均有一定的色泽要求，如红茶乌黑油润、绿茶翠绿、乌龙茶青褐色、黑茶黑油色等。但是无论何种茶类，好茶均要求色泽一致，光泽明亮，油润鲜活，如果色泽不一，深浅不同，暗而无光，说明原料老嫩不一，做工差，品质劣。茶叶的色泽还和茶树的产地及季节有很大关系，如高山绿茶，色泽绿而略带黄，鲜活明亮；低山茶或平地茶色泽深绿有光。制茶过程中，由于技术使用不当，也往往使色泽劣变。购茶时，应根据具体购买的茶类来判断。

（四）整碎

整碎就是茶叶的外形和断碎程度，以匀整为好，断碎为次。比较标准的茶叶审评，是将茶叶放在盘中（一般为木质），使茶叶在旋转力的作用下，依形状大小、轻重、粗细、整碎形成有次序的分层。其中粗壮的在最上层，紧细重实的集中于中层，断碎细小的沉积在最下层。各茶类，都以中层茶多为好。上层一般是粗老叶子多，冲泡后滋味较淡，汤色较浅；下层碎茶多，冲泡后往往滋味过浓，汤色较深。

（五）净度

茶叶的净度主要看茶叶中是否混有茶片、茶梗、茶末、茶籽和制作过程中混入的竹屑、木片、石灰、泥沙等夹杂物的多少。净度好的茶，不含任何夹杂物。此外，还可以通过茶的干香来鉴别。

二、开汤评审

开汤评审是指在专用的审茶杯中将干茶用沸水冲泡后将茶汤倒入审茶杯中，评审茶叶内质的香气、汤色、滋味和叶底四个因子。先嗅香气，再看汤色，细尝滋味，后评叶底。

（一）香气

茶叶经开水冲泡 5 分钟后，倒茶汁于审茶杯内，嗅其香气是否正常，以花香、果香、蜜糖香等令人喜爱的香气为佳，而烟、馊、霉、老火等气味，往往是由于制造处理不良或包装贮藏不良所致。

（二）汤色

评审汤色主要是区别品质的新鲜程度和鲜叶的老嫩程度。最理想的汤色是绿茶要清碧浓鲜，红茶要求红艳而明亮。低级或变质的茶叶泡出的茶，其汤色混浊而晦暗。

（三）滋味

滋味通常称“茶口”，凡茶汤醇厚、鲜浓者，表示水浸出物含量多且成分好。茶汤苦涩、粗老表示水浸出物成分不好。茶汤软弱、淡薄表示水浸出物含量不足。

（四）叶底

评审叶底主要是看其色泽及老嫩程度。芽尖及组织细密而柔软的叶片愈多，表示茶叶嫩度愈高。叶质粗糙而硬薄则表示茶叶粗老及生长情况不良。色泽明亮而调和且质地一致，表示制茶技术处理良好。

实训安排

实训项目	茶叶鉴赏
实训要求	（1）能够熟练掌握茶叶的分类 （2）能够熟练掌握六大基本茶类的品质特征
实训时间	90 分钟
实训场所与工具	（1）可以进行茶叶鉴别的茶艺实训室 （2）多媒体教室、六大基本茶类的代表茶叶 （3）茶荷、随手泡、盖碗、玻璃杯、滤网、公道杯、茶叶罐、白瓷碗、汤匙
实训方法	示范讲解、情境模拟、分组品鉴、小组讨论

实训步骤及要求：

（1）教师展示并讲解六大基本茶类的代表茶叶的基本特征。

（2）学生分组鉴赏茶叶。

（3）教师示范讲解茶叶鉴赏的基本知识。

（4）学生分组进行茶叶鉴赏。

（5）学生完成实训报告。

实训报告单

实训项目　　　　班级　　　　组别　　　　姓名　　　　学号

序号	茶叶名称	项目					
		外形	干茶色泽	香气	茶汤色泽	滋味	所属茶类
1	西湖龙井						
2	祁门红茶						
3	安溪铁观音						
4	君山银针						
5	普洱熟茶						
6	普洱生茶						
7	茉莉花茶						

任务总结

茶叶评审是一项技术性很强的工作，需要对茶叶有较深入的了解，并且要经过较长时间的实践才能对一种茶做出准确的评价。初学者应该在了解各类茶基本特征的基础上，从名优茶入手，掌握这些茶的品质特点，假以时日，就可以灵活运用干评法和湿评法进行综合评价了。

任务2 认识绿茶

知识目标

熟悉绿茶初加工工艺

掌握绿茶的种类

掌握中国名优绿茶的品质特点

掌握绿茶的鉴别方法

实训目标

掌握绿茶品鉴的方法

区分西湖龙井、洞庭碧螺春、太平猴魁、黄山毛峰、安吉白茶、恩施玉露、信阳毛尖、六安瓜片、日照绿茶几种代表性绿茶的品质特征

任务导入

绿茶是出现最早，也是种类最多的一类茶，你知道哪些绿茶？它们分别产自何处？

知识准备

一、绿茶简介

绿茶作为中国的主要茶类之一，年产量在10万吨左右，位居全国六大初制茶之首。中国生产绿茶的范围极为广泛，河南、贵州、江西、安徽、浙江、江苏、四川、陕西（陕南）、湖南、湖北、广西、福建为我国的绿茶主产省份。

绿茶是未经发酵制成的茶，因此较多地保留了鲜叶的天然物质，含有的茶多酚、儿茶素、叶绿素、咖啡碱、氨基酸、维生素等营养成分也较多。绿茶中的这些天然营养成分，对防衰老、防癌、抗癌、杀菌、消炎等具有特殊效果，是其他茶类所不及的。绿茶是以适宜茶树新梢为原料，将采摘来的鲜叶先经高温杀青，杀灭了各种氧化酶，保持了茶叶绿色，然后经揉捻、干燥而制成，其干茶色泽和冲泡后的茶汤、叶底以绿色为主调，故名绿茶。

二、绿茶的发源

从有文字记载的历史来看，四川蒙顶山是我国历史上有文字记载人工种植茶叶最早

的地方。现存世界上关于茶叶的最早记载——王褒的《僮约》和吴理真在蒙顶山种植茶树的传说，可以证明四川蒙顶山是茶树种植和茶叶制造的起源地。绿茶最早起源于巴地（今川北、陕南一带），据《华阳国志·巴志》记载：当年周武王伐纣时，巴人为犒劳周武王的军队，曾“献茶”。也就是说，西周时代之前，川北的巴人就已开始在园中人工栽培茶叶，茶叶的种植历史追溯到3000年以前是可以确定的。

三、绿茶的制作工艺

绿茶的加工，简单分为杀青、揉捻和干燥三个步骤，其中关键在于杀青。鲜叶通过杀青，酶的活性钝化，内含的各种化学成分，基本上是在没有酶影响的条件下，通过热力作用进行物理化学变化，从而形成了绿茶的品质特征。

（一）杀青

杀青对绿茶品质起着决定性的作用。通过高温作用，破坏鲜叶中酶的特性，阻止多酚类物质氧化，以防止叶子红变；同时蒸发叶内的部分水分，使叶子变软，为揉捻造形创造条件。随着水分的蒸发，鲜叶中具有青草气的低沸点芳香物质挥发消失，从而使茶叶香气得到改善。除特种茶外，该过程均在杀青机中进行。影响杀青质量的因素有杀青温度、投叶量、杀青机种类、时间、杀青方式等。它们是一个整体，互相牵连、制约。

（二）揉捻

揉捻是塑造绿茶外形的一道工序。通过外力作用，将叶片揉破，使其变轻，卷转成条，体积缩小，且便于冲泡。同时部分茶汁挤溢附着在叶表面，对提高茶滋味浓度也有重要作用。制绿茶的揉捻工序有冷揉与热揉之分。所谓冷揉，即杀青叶经过摊凉后揉捻；热揉则是杀青叶不经摊凉而趁热进行揉捻。嫩叶宜冷揉以保持黄绿明亮之汤色于嫩绿的叶底，老叶宜热揉以利于条索紧结，减少碎末。

（三）干燥

干燥的目的是蒸发水分，并整理外形，充分发挥茶香。干燥的方法有烘干、炒干和晒干三种。绿茶的干燥工序，一般先经过烘干，然后再进行炒干。因揉捻后的茶叶含水量仍很高，如果直接炒干，会在炒干机的锅内很快结成团块，茶汁易粘结于锅壁。故此，茶叶先进行烘干，使含水量降低至符合锅炒的要求。

四、绿茶的种类

绿茶是历史最长的茶类。古代人类采集野生茶树芽叶并晒干收藏，可以看作是广义上的绿茶加工的开始，距今至少有三千多年。但真正意义上的绿茶加工，是从公元8世纪发明蒸青制法开始，到12世纪又发明了炒青制法，绿茶加工技术已比较成熟，一直沿用至今，并不断完善。绿茶根据加工工艺的不同可分为炒青绿茶、烘青绿茶、晒青绿茶和蒸青绿茶四种。

（一）炒青绿茶

由于在干燥过程中使用的机械或手工操作方法的不同，成茶形成了长条形、圆珠形、扇平形、针形、螺形等不同的形状，故炒青绿茶又分为长炒青、圆炒青、扁炒青等。

长炒青精制后称眉茶，成品的花色有珍眉、贡熙、雨茶、针眉、秀眉等，各具不同的品质特征。例如，珍眉条索细紧挺直或其形如仕女之秀眉，色泽绿润起霜，香气高鲜，滋味浓爽，汤色、叶底绿色微黄、明亮；贡熙是长炒青中的圆形茶，精制后称贡熙，外形颗粒近似珠茶，圆结匀整，不含碎茶，色泽绿匀，香气纯正，滋味尚浓，汤色黄绿，叶底尚嫩匀；雨茶原系由珠茶中分离出来的长形茶，雨茶大部分从眉茶中获取，外形条索细短、尚紧，色泽绿匀，香气纯正，滋味尚浓，汤色黄绿，叶底尚嫩匀。

圆炒青外形颗粒圆紧，因产地和采制方法不同，又分为平炒青、泉岗辉白和涌溪火青等。平炒青产于浙江嵊州、新昌、上虞等县。因历史上毛茶集中于绍兴平水镇精制和集散，成品茶外形细圆紧结似珍珠，故称“平水珠茶”或称平绿，毛茶则称平炒青。

扁炒青因产地和制法不同，主要分为龙井、旗枪、大方三种。龙井产于杭州市西湖区，又称西湖龙井，采摘细嫩鲜叶，要求芽叶均匀成朵，高级龙井做工特别精细，具有“色绿、香郁、味甘、形美”的品质特征。旗枪产于杭州龙井茶区四周及毗邻的余杭、富阳、萧山等县。大方产于安徽省歙县和浙江临安、淳安毗邻地区，以歙县老竹大方最为著名。

在炒青绿茶中，因其制茶方法不同，有的称为特种炒青绿茶，为了保持叶形完整，最后常进行烘干。其茶品有洞庭碧螺春、峨眉春语、剑叶、南京雨花茶、汉家刘氏茶、金奖惠明、高桥银峰、韶山韶峰、安化松针、古丈毛尖、江华毛尖、泉城红、泉城绿、大庸毛尖、信阳毛尖、桂平西山茶、庐山云雾等。在此只简述两品。洞庭碧螺春：产于江苏太湖的洞庭山，以碧螺峰的品质最佳，外形条索纤细、匀整，卷曲似螺，白毫显露，色泽银绿隐翠光润；内质清香持久，汤色嫩绿清澈，滋味清鲜回甜，叶底幼嫩柔匀明亮。金奖惠明：产于浙江云和县，因在 1915 年巴拿马万国博览会上获金质奖章而得名，外形条索细紧匀整，苗秀有峰毫，色泽绿润；内质香亮而持久，有花果香，汤色清澈明亮，滋味甘醇爽口，叶底嫩绿明亮。

（二）烘青绿茶

烘青绿茶是用烘笼进行烘干的。烘青毛茶经再加工精制后，大部分用作熏制花茶的茶坯，香气一般不及炒青高，少数烘青名茶品质特优。以其外形可分为条形茶、尖形茶、片形茶、针形茶等。条形烘青，全国主要产茶区都有生产；尖形、片形茶主要产于安徽、浙江等省市。特种烘青主要有马边云雾茶、黄山毛峰、太平猴魁、汀溪兰香、六安瓜片、敬亭绿雪、天山绿茶、顾渚紫笋、江山绿牡丹、峨眉毛峰、金水翠峰、峡州碧峰、南糯白毫等。例如，黄山毛峰产于安徽歙县黄山，外形细嫩稍卷曲，芽肥壮、匀整，有锋毫，形似“雀舌”，色泽金黄油润，俗称象牙色，香气清鲜高长，汤色杏黄、清澈明亮，滋味醇厚鲜爽回甘，叶底芽叶成朵，厚实鲜艳。

（三）晒青绿茶

晒青绿茶是用日光进行晒干的，主要分布在湖南、湖北、广东、广西、四川，云南、贵州等省有少量生产。晒青绿茶以云南大叶种的品质最好，称为“滇青”；其他如川青、黔青、桂青、鄂青等品质各有千秋，但不及滇青。

（四）蒸青绿茶

以蒸汽杀青是我国古代的杀青方法，唐朝时传至日本，相沿至今；而我国则自明代起即改为锅炒杀青。蒸青是指利用蒸汽量来破坏鲜叶中酶的活性，形成干茶色泽深绿、茶汤浅绿、茶底青绿的“三绿”的品质特征，香气较闷带青气，涩味也较重，不及锅炒杀青绿茶那样鲜爽。由于对外贸易的需要，我国从20世纪80年代中期以来，也生产少量蒸青绿茶，主要品种有恩施玉露，产于湖北恩施；中国煎茶，产于浙江、福建和安徽三省。

五、名优绿茶

（一）碧螺春

（1）产地：洞庭碧螺春产于江苏太湖洞庭山。碧螺春创制于明朝。乾隆下江南时已是声名赫赫了。

（2）品质特点：条索纤细，卷曲成螺，满身披毫，银白翠隐，香气浓郁，滋味鲜醇、甘厚，汤色碧绿清澈，叶底嫩绿明亮，有“一嫩（芽叶嫩）三鲜（色、香、味）”之称，是我国名茶中的珍品，以“形美、色艳、香浓、味醇”而闻名中外。

（二）西湖龙井

（1）产地：西湖龙井属于炒青绿茶，产于浙江杭州西湖的狮峰、翁家山、虎跑、梅家坞、云栖、灵隐一带的群山之中。杭州产茶历史悠久，早在唐代陆羽的《茶经》中就有记载，龙井茶则始产于宋代。

（2）品质特点：龙井茶以“色翠，香郁，味甘，形美”四绝著称于世，素有“国茶”之称。成品茶形似碗钉，光扁平直，色翠略黄呈“糙米色”，滋味甘鲜醇和，香气优雅高清，汤色碧绿清莹，叶底细嫩成朵，一旗一枪，交错相映，大有赏心悦目之享受。

（三）恩施玉露

（1）产地：恩施玉露产于湖北恩施市南部的芭蕉乡及东郊五峰山，曾称“玉绿”，因其香鲜爽口，外形条索紧圆光滑，色泽苍翠绿润，毫白如玉，故改名“玉露”。

（2）品质特点：相传清康熙年间，恩施芭蕉黄连溪有一兰姓茶商，垒灶研制，所制茶叶，外形紧圆、坚挺、色绿、毫白如玉，故称“玉绿”。晚清至民国初期，为茶叶发展兴盛时期，1936年，湖北省民生公司管茶官杨润之改锅炒杀青为蒸青，其茶不但茶之汤色、叶底绿亮，鲜香味爽，而且外形色泽油润翠绿，毫白如玉，汤润如露，故改名为“玉露”。

（四）安吉白茶

（1）产地：安吉白茶属于烘青绿茶，产于浙江安吉县。安吉县位于浙江省北部，这里山川隽秀，绿水长流，是中国著名的竹子之乡。安吉白茶为中国名茶的后起之秀，为浙江省十大名茶之一。白茶为六大茶类之一，但安吉白茶是用绿茶加工工艺制成，属绿茶类，其色白，是因为其加工原料采自一种嫩叶全为白色的茶树。

（2）品质特点：安吉白茶条直、显芽、壮实匀整；色嫩绿，鲜活泛金边，形如兰蕙，十分可人。冲泡后，清香高扬且持久。滋味清淡鲜爽，饮毕唇齿留香，回味甘而生津。叶底嫩绿明亮，芽叶朵朵可辨。

（五）黄山毛峰

（1）产地：黄山毛峰属烘青绿茶，产于安徽省黄山。黄山产茶的历史可追溯至宋朝嘉祐年间。至明朝隆庆年间，黄山茶已经很有名气了。黄山毛峰始创于清代光绪年间。

（2）品质特点：特级黄山毛峰堪称我国毛峰之极品，其形似雀舌，匀齐壮实，峰毫显露，色如象牙，鱼叶金黄，香气清香高长，汤色清澈明亮，滋味鲜醇、醇厚、回甘，叶底嫩黄成朵。“黄金片”和“象牙色”是黄山毛峰的两大特征。

（六）太平猴魁

（1）产地：太平猴魁产于安徽省的太平县猴坑村。太平猴魁为尖茶之极品，久享盛名。太平为县名，产茶可追溯到明朝以前，太平猴魁始创于清朝末年。

（2）品质特点：两叶抱一芽，平扁挺直，自然舒展，白毫隐伏，有“猴魁两头尖，不散不翘不卷边”之称。叶色苍绿匀润，叶脉绿中隐红，俗称“红丝线”。花香高爽，滋味甘醇，香味有独特的“猴韵”。汤色清绿明净，叶底嫩绿匀亮，芽叶肥壮成朵。品饮时，“头泡香浓，二泡味浓，三泡四泡幽香犹存”。

（七）六安瓜片

（1）产地：六安瓜片产于安徽省六安市金安、裕安两区及金寨、霍山两县之毗邻山区和低山丘陵，分内山瓜片和外山瓜片两个产区。

（2）品质特点：历史名茶、中国十大名茶之一，国际著名特种绿茶。无芽、无梗是六安瓜片的特征之一，因制成茶叶冲泡后呈瓜子片状，因此取名六安瓜片。

（八）信阳毛尖

（1）产地：信阳毛尖产于河南信阳市西部海拔 600 米左右的车云山一带，种植于西周，兴盛于唐朝，成熟于北宋，闻名于清末。

（2）品质特点：条索细紧圆直，色泽翠绿，白毫显露；汤色清绿明亮，香气鲜高，滋味鲜醇；叶底芽壮，嫩绿匀整。素以“色翠、味鲜、香高”著称。信阳毛尖茶汤属浅绿型，汤色、叶底均嫩绿明亮；茶叶香气属清香型，并不同程度表现出毫香、鲜嫩香、板栗香；茶叶滋味属浓烈型和浓醇型，内含有机物质丰富，滋味浓醇鲜爽而高长，耐泡，叶底朵型，芽叶完整、匀称。

（九）日照绿茶

（1）产地：山东日照，中国最北的绿茶产区。日照市地处山东省东南部，东临黄海，属暖温带湿润季风气候，光照充足，雨量充沛。境内山地丘陵土壤呈微酸性，属黄棕壤土，含有丰富的有机质和微量元素。优越的沿海气候条件和优良的环境，孕育了日照绿茶“叶片厚、滋味浓、香气高、耐冲泡”的独特品质，日照绿茶因此被誉为“江北第一茶”。

（2）品质特点：因为地处北方，昼夜温差大，因而这种茶叶生长缓慢，但是也正因为此，这种茶具备了南方茶所没有的特点。中国农业科学院茶叶研究所对日照绿茶有着这样的评价：香气高、滋味浓、叶片厚、耐冲泡，属中国高档绿茶。

（十）崂山绿茶

（1）产地：青岛崂山山区。

（2）品质特点：茸芽细嫩，色泽翠绿，汤色清澈莹黄，味感醇厚浓郁，芳气弥漫于绛唇皓齿间，若兰馨香扑鼻而来，回味无穷。

（十一）蒙顶甘露

（1）产地：茶文化发源于四川蒙顶山，蒙顶甘露是中国最古老的名茶，被尊为“茶中故旧”。

（2）品种特点：茶形纤细，外形美观，叶整芽全，紧凑多银毫；色泽嫩绿油润，香气馥郁高爽，汤色黄中透绿，清亮似甘露；滋味鲜爽，浓郁回甜。沏二遍时，越发鲜醇，使人齿间留香。

（十二）南京雨花茶

（1）产地：雨花茶是南京特产，因产于南京中华门外的雨花台而得名。

（2）品质特点：雨花茶色、香、味、形俱佳，冲泡后，茶色碧绿而清澈，香气清雅，滋味醇厚，回味甘甜，有止渴清神、消食利尿、治喘、祛痰、除烦去腻等功效，其外形似松针，细紧圆直。雨花茶用开水冲泡后，水面顿显白毫，茶入水即沉，色、香、味俱全。

实践操作

一、绿茶品质鉴别

一般而言，绿茶之鉴定方法可分机械鉴定及肉眼感觉鉴定两种。绿茶品质鉴别主要有以下方面。

（一）形状

形状包括茶叶的粗细、长短、轻重、大小及条索的松紧、整碎、均匀、清洁，有无夹杂及掺假，有无老叶硬片，以及下盘、干湿程度、身骨轻重等项。绿茶形状随茶类而异，如眉茶以条索紧而细、形如鱼钩者为上，弯曲部位以三分之一为宜，上尖下钝、身骨重、下盘少、条索均匀、清洁而无夹杂老叶硬片者为上；龙井以扁而直、尖端不弯曲、身骨细嫩者为上；毛峰以细长而尖端微弯曲者为上；日本玉露以细长如针而不弯曲者为上；珠茶则以浑圆似珠且细小者为上。形状也可鉴定茶叶的来路。来路以原产地为上，如黄山毛峰、狮峰龙井、六安瓜片，均极名贵。但仅凭形状还不能判定来路的正规性，必须兼看香味之特质，方不致错。

（二）色泽

色泽包括茶色的深浅、枯润、鲜暗、均匀及有无不正色、劣变色等项。绿茶的色泽随茶类而异，如眉茶、珠茶、辉白均以灰白绿色为上；毛峰则以墨绿而略带褐色者为上，龙井、玉露、瓜片均以翠绿色为上。总之，色泽深而鲜、润而均匀者为上；暗而枯，浅而不均匀，甚至有不正色、劣变色、起泡，有斑点的，均为劣品。尤须注意，茶条弯曲部位须均匀适度，方为上品。鉴定形状与色泽时，须将茶翻拌均匀，上下多看，并使光线分别自身前、后射来以对照，比较两盘茶叶时，须随时交换位置比较。

（三）香气

香气包括茶香的高低、清浊、纯和、锐钝及有无青草气与烟臭、酸气等项。绿茶的香气也随产地及茶类而异，如龙井特别清香，毛峰、大方特具栗香，瓜片香厚而纯和，玉露特具覆香。总之，绿茶香气以高而清、纯而锐为上。香气低而浊、钝而杂，甚至有青草、烟臭、酸霉气味的，均为劣品。鉴定香气的方法有闻干香与闻湿香两种。

（四）滋味

滋味包括甜和、浓淡、清浊、醇厚、涩苦、火候，以及有无劣变、酸腐、焦烟、霉变等不良气味诸项。绿茶的滋味，也随产地及茶类而异。大体上说，以甜而清、浓而醇厚者为上。滋味淡薄、苦涩者均非上品。有些绿茶虽微带苦涩，但苦而回甘，有青草、烟臭、酸腐、霉焦滋味或苦重、麻舌、刺喉者，均非上品。鉴定滋味时，茶汤入口不可太多，茶汤在口腔，必须不时转动，使之达于舌之上下、左右、前后。至舌尖感甜及辣，舌侧感酸，舌根感苦，全舌感咸，滋味送至全舌，才能分辨茶叶的一切滋味。

（五）汤色

汤色包括浓淡、清浊、鲜暗及有无游离物与沉淀物等项。无论任何绿茶，均以汤色碧绿而清澄鲜明，且汤色浓厚者为上。黄浊淡暗，或有游离物、沉淀物的，均非良品。但有时为适应消费者需要，汤色要黄而不清则当别论。鉴定汤色时，须将杯略倾斜，注意有无游离物等。

（六）叶底

叶底包括色泽鲜暗、匀净，叶芽粗嫩、卷缩或展开，有无破裂、枯焦、青片、黑片、假叶、陈叶，以及古铜色、败紫色、黄褐色等不正颜色。总之，任何绿茶，叶底均以碧绿色、叶芽细嫩而匀净、色泽鲜明、叶叶展开者为上。叶底色暗呆滞、老嫩不一、破裂、卷缩、涩而无茸毛，或掺杂青片、黑片，或有不正色、枯而不润、有起泡的，均为劣品。

（七）其他

关于茶叶的干燥程度。用手抚茶，感觉刺手，即为已干。如用手指一捻即碎，茶梗一折即断，则更为明确。再观其色泽，如色泽均匀，弯曲部分呈灰白色，则已干燥。倘若抚之柔软而不刺手，则含水量必多。关于身骨轻重，可将茶叶置于手上比较。关于下盘的鉴定，可查看茶盘底下或用筛筛茶，或拣剔其青片、茶梗以后再加以衡量。至于来路的识别，则须详细观察其形状、色泽、香味、水色、叶底，注意其特质。

（八）着色与喷糊

外销绿茶精制后须加色。不过着色茶的梗片很不自然，色泽暗枯，泡水时，水面有油光或浮游物，将茶杯倾斜，则杯缘有圆图，用手指搓揉，叶底也有色质痕迹。喷糊茶色枯而无光泽，放手掌上哈气，再用另一手掌按压，则茶叶会附着掌上。如用放大镜观察，则有粒粒淀粉，泡水后水色混浊不清，色腻，水面有黏性及泡沫，叶底多破碎而粗老，且极易发馊而有臭味。

（九）劣变茶

霉变茶色呆滞，味苦而重，香与味均有霉气，泡水不易展开。酸变茶味淡薄，香气低，香与味均有酸味，叶底呈败紫色。焦变茶香与味均有焦味，叶底破裂，且起泡、有斑点，味苦，沉淀多。烟味茶有烟臭味，食之刺喉，令人欲咳。陈茶色枯不润，有陈气，泡水不易展开，水色黄浊，回龙茶色淡无光，且极轻，嚼之淡而无味，且不苦涩，泡水时展开快。发酵茶香味不正，水色黄浊或红变，叶底红变。馊变茶香与味均有馊味，叶底呈败紫色，色暗而无光，水色黄浊。

（十）假茶

茶价高昂时，有不良茶商，将茶叶中掺进冬青、柳叶、桃叶、油茶、满山青等假茶，或掺进泥沙等杂质来售卖。假茶梗方而扁，长短不一，条索软硬不一，色泽、形状、香味均不同，泡水展开较慢，叶底狭长，锯齿大而粗，叶脉不隆起，用手搓之立破，燥涩而无茸毛。掺有泥沙的茶叶，色灰暗无光，放手中感觉较重，用力捻压，则有沙沙声，水色浑浊，沉淀多。

此外，绿茶的品质差别较大，可根据绿茶外观和泡出的茶汤、叶底进行鉴别。

二、新鲜绿茶和陈旧绿茶的鉴别

新鲜绿茶的外观鲜绿有光泽，闻之有浓味茶香；泡出的茶汤色泽碧绿，有清香、兰花香、熟板栗香味等，滋味甘醇爽口，叶底鲜绿明亮。

陈旧绿茶的外观暗黄无光泽，香气低沉，如对茶叶用口吹热气，湿润的地方色黄且干涩，闻之有冷感；泡出的茶汤色泽深黄，味虽醇厚但不爽口，叶底陈黄欠明亮。

三、春茶、夏茶和秋茶的鉴别

春茶外形芽叶硕壮饱满，色墨绿、润泽，条索紧结、厚重；泡出的茶汤味浓、甘醇爽口，香气浓，叶底柔软明亮。

夏茶外形条索较粗松，色杂，叶芽木质分明；泡出的茶汤味涩，叶底质硬，叶脉显露，夹杂铜绿色叶子。

秋茶外形条索紧细、丝筋多、轻薄，色绿；泡出的茶汤色淡，汤味平和、微甜，香气淡，叶底质柔软，多铜色单片。

四、高山绿茶和平地绿茶的鉴别

高山绿茶外形条索厚重，色绿富有光泽；泡出的茶汤色泽绿亮，香气持久，滋味浓厚，叶底明亮，叶质柔软。

平地绿茶外形条索细瘦、露筋、轻薄，色黄绿；泡出的茶汤色清淡，香气平淡，滋味醇和，叶质较硬，叶脉显露。

实训安排

实训项目	绿茶鉴赏
实训要求	（1）能够熟练掌握绿茶的分类 （2）能够熟练掌握绿茶的品质特征 （3）能够熟练掌握中国名优绿茶的基本特征 （4）能够熟练掌握绿茶品质鉴别的方法
实训时间	45 分钟
实训场所与工具	（1）可以进行茶叶鉴别的茶艺实训室 （2）多媒体教室、中国名优绿茶 （3）茶荷、随手泡、盖碗、玻璃杯、滤网、公道杯、茶叶罐、白瓷碗、汤匙
实训方法	示范讲解、情境模拟、分组品鉴、小组讨论

实训步骤及要求：

（1）教师展示并讲解绿茶的种类及中国名优绿茶的基本特征。

（2）学生分组鉴赏茶叶。

（3）教师示范讲解绿茶品质鉴别的基本知识。

（4）学生分组进行茶叶鉴赏。

（5）学生完成实训报告。

实训报告单

实训项目　　　　　　班级　　　　组别　　　　姓名　　　　学号

序号	茶叶名称	项目					
		外形	干茶色泽	香气	茶汤色泽	滋味	所属茶类
1	西湖龙井						
2	洞庭碧螺春						
3	黄山毛峰						
4	太平猴魁						
5	安吉白茶						
6	恩施玉露						
7	六安瓜片						
8	信阳毛尖						
9	日照绿茶						

任务总结

中国的主要茶类中，绿茶的产销量是最高的，同时绿茶也是最早出现的，历史悠久，种类繁多，由于产地、制作工艺等的不同，形成了不同种类的绿茶。每种绿茶都有其独特的品质，因此，在品鉴时难度比较大，这就要求加强这方面的练习，从色、香、味、形各个方面，通过干评、湿评等方法，综合鉴别，不断积累经验，才能更好地体会绿茶本身特有的魅力。

任务3　认 识 红 茶

知识目标

熟悉红茶初加工工艺

掌握红茶的种类

掌握名优红茶的品质特点

掌握红茶的鉴别方法

实训目标

掌握红茶品鉴的方法

区分祁门红茶、滇红工夫、金骏眉、正山小种、云南大叶种红碎茶等主要名优红茶品质之间的差异性

任务导入

红茶的品饮范围较为广泛，我们大家都知道享誉世界的“英式下午茶”，但英国本身

是不产茶的国家，红茶除了产自中国外，世界上还有哪些国家盛产红茶呢？

知识准备

一、红茶简介

红茶属于全发酵茶类，是在绿茶的基础上经发酵创制而成的，以茶树的芽叶为原料，经过萎凋、揉捻、发酵、烘焙、复焙等典型工艺过程精制而成。因其干茶色泽和冲泡的茶汤以红色为主调，故名红茶。红茶种类较多，产地较广，祁门红茶闻名天下，工夫红茶和小种红茶处处留香。此外，从中国引种发展起来的印度、斯里兰卡的红茶也很出名。

二、红茶的发源

红茶的鼻祖在中国，世界上最早的红茶由中国明朝时期福建武夷山茶区的汉族茶农发明，名为“正山小种”。武夷山市桐木关江氏家族是生产正山小种红茶的茶叶世家，至今已经有 400 多年的历史。据正山小种红茶世家第 24 代传人——江元勋先生所说，江氏族谱中记载：江氏家族于南宋末年迁居崇安县（现为武夷山市）桐木关，世代种茶。

三、红茶初加工工艺

（一）萎凋

萎凋分为室内加温萎凋和室外日光萎凋两种。萎凋程度，要求鲜叶尖失去光泽，叶质柔软，梗折不断，叶脉呈透明状态即可。

（二）揉捻

中华人民共和国成立初期茶农使用双脚揉茶。20 世纪 50 年代茶农采用铁木结构双桶水力揉捻茶机。至 60 年代，揉捻这一工序又加以改进，采用了铁制 55 型电动揉捻机，提高了制茶效率。揉捻时要使茶汁外流，叶卷成条即可。

（三）发酵

发酵，俗称“发汗”，是红茶初加工最为重要的一个环节，是指将揉捻好的茶胚装在篮子里，稍加压紧后，盖上温水浸过的发酵布，以增加发酵叶的温度和湿度，促进酵素活动，缩短发酵时间，一般在 5～6 小时后，叶脉呈红褐色，即可上焙烘干。发酵的目的在于使茶叶中的多酚类物质在酶的作用下发生氧化作用，使绿色的茶坯产生红变。

发酵是形成红茶色、香、味品质特征的关键性工序。一般是将揉捻叶放在发酵筐或发酵车里，送入发酵室发酵。发酵要掌握满足茶多酚氧化酶的氧化聚合反应所需的适宜温度、湿度和氧气量。因此，红茶发酵要注意以下几项因素。

温度。通常室温控制在 20～25℃，发酵的叶温保持在 30℃左右为宜。如叶温超过 40℃，要进行翻拌散热，以免发酵过分激烈，使毛茶香低、味淡、色暗。尤其是在高温季节里要采取降温措施，摊叶要薄，以利于散热降温；反之，气温较低时，摊叶要厚，必要时采取一些保温措施。

湿度。空气湿度保持在90%以上有利于提高多酚氧化酶的活性，有利于茶黄素的形成和积累；如果发酵时空气湿度过低，不利于茶多酚的酶促氧化，使非酶促氧化加剧，造成汤色和叶底都变暗，滋味淡薄。

摊叶厚度一般在8～12厘米。嫩叶和叶型小的要薄摊，老叶和叶型大的要厚摊。气温低时要厚摊，气温高时应薄摊。但无论厚摊还是薄摊，发酵时都要保持通气良好。发酵过程中应翻拌一次，以利于散热通气。

发酵时间。工夫红茶发酵时间一般为2～3小时，红碎茶发酵时间一般在30～90分钟。发酵叶青草气消失，出现一种新鲜的、清新的花果香，叶色红变，即为发酵适度。一般春茶呈黄红色，夏茶呈红黄色。

（四）烘焙

把发酵适度的茶叶均匀搜集放在水筛上，每筛摊放2～2.5千克，然后把水筛放置在吊架上，下用纯松柴（湿的较好）烘烤，故小种红茶具有独特的纯松烟香味。刚上焙时，要求火温高些，一般在80℃左右，高温的主要目的是停止酵素作用，防止酵素活动而造成发酵过度，叶底暗而不开展。烘焙一般采用一次干燥法，不宜翻动，以免干度不均匀，造成外干内湿，一般6小时后即可下焙，主要看火力大小而定。一般是焙到触手有刺感，研之成粉，干度达到，而后摊晾。

（五）复焙

茶叶是一种易吸收水分的物质，在出售前必须进行复焙，才能留其内质，含水量不超过8%。

四、红茶的种类

严格说起来，红茶不是指茶的品种，而是一种茶叶的加工工艺。红茶的种类较多，自然产地也就较广，按照其加工的方法与出品的茶形，一般可分为四大类：工夫红茶、小种红茶、红碎茶和速溶红茶。

（一）工夫红茶

工夫红茶是中国特有的红茶，如祁门工夫、坦洋工夫等。这里“工夫”两字有双重含义，一是指加工的时候较别种红茶下的工夫更多，二是冲泡的时候要用充裕的时间慢慢品味。

（1）祁门工夫。祁门工夫红茶是我国传统工夫红茶的珍品，有百余年的生产历史，主产安徽省祁门县，与其毗邻的石台、东至、黟县及贵池等县也有少量生产，常年产量5万担左右。祁红工夫以外形苗秀，色有“宝光”和香气浓郁而著称，在国内外享有盛誉。

祁门工夫红茶条索紧秀，锋苗好，色泽乌黑泛灰光，俗称“宝光”，内质香气浓郁高长，似蜜糖香，又蕴藏有兰花香，汤色红艳，滋味醇厚，回味悠长，叶底嫩软红亮。祁门红茶品质超群，被誉为“群芳最”，这与祁门地区的自然生态环境条件优越是分不开的。这里茶园占全县总面积的65%左右，土地肥沃，腐殖质含量较高，早晚温差大，常有云雾缭绕，且日照时间较短，构成茶树生长的天然佳境，酿成“祁红”特殊的芳香厚味。

采制工艺：祁红于每年的清明前后至谷雨前开园采摘，现采现制，以保持鲜叶的有效成分。鲜叶按质分级验收。特级祁红以一芽一叶及一芽二叶为主。其制作分初制、精制两大过程。初制包括萎凋、揉捻、发酵、烘干等工序；精制则将长、短、粗、细、轻、重、直、曲不一的毛茶，经筛分、整形，审评提选，分级归堆。为了提高干度，保持品质，便于贮藏和进一步发挥茶香，再行复火、拼配，成为形质兼优的成品茶。

祁门红茶独具的特色是：外形条索紧细秀长，金黄芽毫显露，锋苗秀丽，色泽乌润；汤色红艳明亮，叶底鲜红明亮；香气芬芳，馥郁持久，似苹果与兰花香味。在国际市场上被誉为“祁门香”。如加入牛奶、食糖调饮，亦颇可口，茶汤呈粉红色，香味不减，不仅含有多种营养成分，并且有药理疗效。

祁门红茶从 1875 年问世以来，为我国传统的出口珍品，久已享誉国际市场。1915 年获巴拿马万国博览会金质奖章。1980 年、1985 年、1990 年由祁门茶厂生产的特级、一、二级祁红连续三次获国家优质食品金质奖。1986 年被商业部评为全国优质名茶。1987 年又获第二十六届世界优质食品金质奖章。1992 年获中国旅游新产品“天马金奖”。1993 年被国家旅游局评为国家级指定产品，祁门茶厂被定为国家旅游产品定点生产企业。祁门红茶在国际市场上与印度大吉岭、斯里兰卡乌伐红茶齐名，并称为世界三大高香名茶，已出口英国、北欧、德国、美国、加拿大、东南亚等 50 多个国家和地区。

主要品牌：祁乡园、天品国香、历口、思润等。

（2）川红工夫。川红工夫主产区为四川省宜宾市高县、筠连县，是 20 世纪 50 年代产生的工夫红茶。四川省是我国茶树发源地之一，茶叶生产历史悠久。四川地势北高南低，东部形成盆地，秦岭、大巴山挡住北来寒流，东南向的海洋季风可直达盆地各隅。年降雨量 1000～1300 毫米，气候温和，年均气温 17～18℃，极端最低气温不低于−4℃，最冷的 1 月份，其平均气温较同纬度的长江中下游地区高 2～4℃，茶园土壤多为山地黄泥及紫色砂土。

川红工夫外形条索肥壮圆紧、显金毫，色泽乌黑油润，内质香气清鲜带枯糖香，滋味醇厚鲜爽，汤色浓亮，叶底厚软红匀。川红问世以来，在国际市场上享有较高声誉，多年来畅销俄罗斯、法国、英国、德国及罗马尼亚等国，堪称中国工夫红茶的后起之秀。

主要品牌：川红工夫红茶、川红红贵人、长江红、川红尚品、金芽、黄金白露等。

（3）滇红工夫。据中国红茶网介绍，滇红工夫茶属大叶种类型的工夫茶，主产云南的临沧、保山、凤庆等地，是我国工夫红茶的后起之秀，以外形肥硕紧实、金毫显露和香高味浓的品质而著称于世。滇红工夫外形条索紧结，肥硕雄壮，干茶色泽乌润，金毫特显，内质汤色艳亮，香气鲜郁高长，滋味浓厚鲜爽，富有刺激性，叶底红匀嫩亮，国内独具一格，系举世欢迎的工夫红茶。

滇红工夫因采制时期不同，其品质具有季节性变化，一般春茶比夏、秋茶好。春茶条索肥硕，身骨重实，净度好，叶底嫩匀。夏茶正值雨季，芽叶生长快，节间长，虽芽毫显露，但净度较低，叶底稍显硬、杂。秋茶正处干凉季节，茶树生长代谢作用转弱，成茶身骨轻，净度低，嫩度不及春、夏茶。滇红工夫茸毫显露为其品质特点之一。其毫色可分淡黄、菊黄、金黄等类。凤庆、云县、昌宁等地的工夫茶，毫色多呈橘黄，勐海、双江、临沧、普文等地工夫茶，毫色多呈金黄。同一茶园春季采制的茶一般毫色较浅，多呈淡黄，夏茶毫色多呈橘黄，唯秋茶多呈金黄色。

滇红工夫内质香郁味浓。香气以滇西茶区的云县、凤庆、昌宁为好，尤其是云县部分地区所产的工夫茶，香气高长，且带有花香。滇南茶区工夫茶滋味浓厚，刺激性较强，滇西茶区工夫茶滋味醇厚，刺激性稍弱，但回味鲜爽。

主要品牌：鼎立有机滇红、凤牌滇红等。

（4）闽红工夫。闽红工夫茶系政和工夫、坦洋工夫和白琳工夫的统称，均系福建特产。三种工夫茶产地不同、品种不同、品质风格不同，各自拥有自己的消费爱好者，盛兴百年而不衰。

主要品牌：武夷星、品品香、吾要茶坊、陈焕、归岭红茶。

① 政和工夫。产于福建政和。按品种分为大茶、小茶两种。大茶采用政和大白茶制成，是闽红三大工夫茶的上品，外形条索紧结，肥壮多毫，色泽乌润，内质汤色红浓，香气高而鲜甜，滋味浓厚，叶底肥壮尚红。小茶用小叶种制成，条索细紧，香似祁红，但欠持久，汤稍浅，味醇和，叶底红匀。政和工夫以大茶为主体，扬其毫多味浓之优点，又适当加入高香之小茶，因此高级政和工夫体态匀称，毫心显露，香味俱佳。政和工夫一经问世，即享盛名。19 世纪中叶，其产量达万余担。后因战事摧残，茶园荒芜，至 1949 年年产仅 900 余担。之后，着力恢复传统品质风格，产量、质量均有回升。20 世纪 60 年代后，因改制绿茶，仅保持少量生产，年产约 800 担。

② 坦洋工夫。坦洋工夫分布较广，主产福建的福安、柘荣、寿宁、周宁、霞浦及屏南北部等地。其中产于寿宁与周宁交界的茶岭村与茶坪村之间的“归岭红茶”是坦洋工夫中的顶级产品。

坦洋工夫源于福安境内白云山麓的坦洋村，相传清咸丰、同治年间（1851～1874 年），坦洋村有胡福四（又名胡进四）者，试制红茶成功，经广州运销西欧，很受欢迎，此后茶商纷纷入山求市，接踵而来并设洋行，周围各县茶叶亦渐云集坦洋。坦洋工夫名声也就不胫而走，自光绪六年至民国二十五年（1880～1936 年）的 50 余年，坦洋工夫每年出口均上万担，其中 1898 年出口 3 万余担。坦洋街长 1 公里，设茶行达 36 家，雇工 3000 余人，产茶量 2 万余担。收茶范围上至政和县的新村，下至霞浦县的赤岭，方圆数百里，境跨七八个县，成为福安的主要红茶产区。坦洋工夫运销荷兰、英国、日本、东南亚等二十余个国家与地区，每年收外汇茶银百余万元。当时民谚云：“国家大兴，茶换黄金，船泊龙凤桥，白银用斗量。”在 1915 年，坦洋工夫与国酒“茅台”同台摘得巴拿马万国会金奖。后因抗日战争爆发，销路受阻，生产亦遭严重破坏，坦洋工夫产量锐减。20 世纪 50 年代中期，为了恢复和提高坦洋工夫红茶的产量和品质，先后建立了国营坦洋、水门红茶初制厂和福安茶厂，实行机械化制茶，引进并繁殖福鼎大白茶、福安大白茶、福云等优良茶树品种，1960 年产量增加到 5 万担，创历史最高水平。后因茶类布局的变更，由“红”改“绿”，坦洋工夫尚存无几。经有关部门的努力，坦洋工夫又有所恢复和发展，1988 年产量达 8000 余担。2013 年，新坦洋茶业集团代表坦洋工夫再次荣获巴拿马国际博览会金奖。

③ 白琳工夫。白琳工夫产于福鼎市太姥山白琳、湖林一带，属于小叶种红茶。太姥

山地处闽东偏北，与浙江毗邻，地势较高，群山叠翠，岩壑争奇，茶树常种于崖林之间。茶树根深叶茂，芽毫雪白晶莹。19 世纪 50 年代，闽、广茶商在福鼎经营加工工夫茶，广收白琳、翠郊、蹯溪、黄岗、湖林及浙江的平阳、泰顺等地的红条茶，集中于白琳加工，白琳工夫由此而生。20 世纪初，福鼎“合茂智”茶号，充分发挥福鼎大白茶的特点，精选细嫩芽叶，制成工夫茶，外形条索紧结纤秀，含有大量的橙黄白毫，具有鲜爽愉快的毫香，汤色、叶底艳丽红亮，取名为“橘红”，意为橘子般红艳的工夫，风格独特，在国际市场上很受欢迎。白琳工夫茶系小叶种红茶，当地种植的小叶群体种具有茸毛多、萌芽早、产量高的特点，一般的白琳工夫，外形条索细长弯曲，茸毫多呈颗粒绒球状，色泽黄黑，内质汤色浅亮，香气鲜纯有毫香，味清鲜甜和，叶底鲜红带黄。

（5）湖红工夫。主产地是湖南安化、坪阳、长沙、涟源、浏阳、桃源、邵阳、平江一带。主要品牌：东江楚云仙红茶，由资兴东江库区果树研究所著名制茶人黄日进先生研制。

（6）宁红工夫。主产于江西省修水、武宁、铜鼓一带。

（7）宜红工夫。主产于湖北省的宜昌、恩施等地区。主要品牌：宜红工夫红茶，湖北鄂茶集团、宜红茶业。

（8）越红工夫。主产于浙江省的绍兴、诸暨、嵊州一带。

（9）浮梁工夫。主产于江西景德镇一带的山区和丘陵地带，景德镇一带古称“浮梁”。

（10）湘红工夫。主产于湘西的石门、慈利、桑值、大庸等县市，现已被归于“湖红工夫”。

（11）台湾工夫。在台湾的山地、丘陵地区均有出产，以新北市文山地区出产的为上品。主要品牌：赤月红茶、日月潭红茶。

（12）江苏工夫。江苏不少产茶的地方均有出产。主要品牌：宜兴红茶。

（13）铁观音红茶。主产于福建省安溪县的蓝田乡黄柏村等地。

（14）粤红工夫。产于广东的潮安等地。主要品牌：英德红茶。

（15）昭平红工夫。昭平红工夫主要产于广西贺州市昭平县一带。昭平是广西的产茶大县，中国名茶之乡，该县气候温润适宜，降雨量充沛，山脉连绵起伏，森林覆盖率高达 90%以上，山顶平均海拔均在 800～1000 米以上，终日云雾缭绕，土壤层深厚且呈弱酸性，非常适合茶树生长，中国早春第一茶就产自昭平，至今已有 1000 多年产茶历史。

昭平红工夫属国茶新秀，诞生于 2009 年 7 月 28 日，由象棋山茶叶创始人刘光日先生与广西桂林茶叶科学研究所专家历经多年反复试制、摸索研制成功，是该县首个研制成功并问世的红茶。

（二）小种红茶

小种红茶是我国最古老的红茶，同时也是其他红茶的鼻祖，其他红茶都是从小种红茶演变而来的。小种红茶是福建省的特产，有正山小种和外山小种之分，均原产于武夷山地区。正山小种产于 1000 米以上的高山，如今那里已经实行了“原产地保护”。正山小种又可分为东方口味和欧洲口味，东方口味讲究的是“桂圆汤”味，欧洲口味的“松香味”则更浓郁。

（1）正山小种。产于武夷山市星村镇桐木关一带，所以又称为“星村小种”或“桐木关小种”。

(2) 外山小种。主产于福建的政和、坦洋、古田、沙县等地，2013 年江西的铅山一带也有出产。

（三）红碎茶

红碎茶按其外形又可细分为叶茶、碎茶、片茶、末茶，产地分布较广，遍于云南、广东、海南、广西，主要供出口。

另外，世界很多地方均出产红茶，如印度（以大吉岭红茶最为珍贵）、东非（以肯尼亚所产最为著名）、斯里兰卡（最著名的是锡兰红茶）、印尼（以爪哇岛及苏门答腊为中心）。

（四）速溶红茶

速溶红茶是茶叶的一种加工品，是用纯天然茶叶原料，通过现代生物科技，将茶叶中的精华成分萃取浓缩，再经干燥喷雾而成的纳米级颗粒状固体，是能迅速溶解于水中的固体饮品。有时候也被称为红茶茶珍或即溶红茶。

五、世界四大红茶

（一）祁门红茶——中国

祁门红茶，简称祁红，是我国传统工夫红茶的珍品，为历史名茶，出产于 19 世纪后期，是世界三大高香茶之一，有“茶中英豪”“群芳最”“王子茶”等美誉。祁门红茶依其品质高低分为 1～7 级，主要产于安徽省祁门县，与其毗邻的石台、至东、黟县及贵池等县也有少量生产，主要出口英国、荷兰、德国、日本、俄罗斯等几十个国家和地区，多年来一直是我国的国事礼茶。

（二）大吉岭红茶——印度

大吉岭红茶产于印度西孟加拉邦北部喜马拉雅山麓的大吉岭高原一带，是世界四大红茶之一。大吉岭红茶以 5～6 月的二号茶品质为最优，被誉为“红茶中的香槟”。大吉岭红茶拥有高贵的身份，3 月、4 月的一号茶多为青绿色的 OP，二号茶为金黄显露的 FOP。其汤色橙黄，气味芬芳高雅，上品大吉岭红茶尤其带有葡萄香，口感细致柔和，适合春秋季饮用，也适合做成奶茶、冰茶及各种花式茶。其工艺是当时正山小种的工艺者带过去，并加以改造形成的。

（三）乌巴——斯里兰卡

锡兰高地红茶以乌沃茶最著名，产于斯里兰卡山岳地带的东侧，是世界四大红茶之一。斯里兰卡山岳地带的东侧常年云雾弥漫，由于冬季吹送的东北季风带来较多的雨量（11 月～次年 2 月），不利于茶园生产，所以以 7～9 月所获得的茶品质最优。西侧则因为受到夏季（5～8 月）西南季风的影响，雨量充沛，所产的汀布拉茶和努沃勒埃利耶茶以 1～3 月收获的最佳。

（四）阿萨姆红茶——印度

阿萨姆红茶，产于印度东北部，喜马拉雅山麓的阿萨姆溪谷一带。当地日照强烈，需另种树为茶树适度遮蔽；由于雨量丰富，因此促进了热带性的阿萨姆大叶种茶树蓬勃发育。以6～7月采摘的品质最优，但10～11月产的秋茶较香。阿萨姆红茶，茶叶外形细扁，呈深褐色；汤色深红稍褐，带有淡淡的麦芽香、玫瑰香，滋味浓，属烈茶，是冬季饮茶的最佳选择。

实践操作

一、红茶质量的识别

红茶是鲜叶经过萎凋、揉捻、发酵和烘干等几道工序加工制成的，其品质特征是红叶红汤，香苦味醇。

（一）优质红茶的特征

（1）外形：条索紧细、匀齐。
（2）色泽：乌黑油润，芽尖呈金黄色。
（3）香气：小种红茶有松烟香，工夫红茶有糖香，川红有橘糖香。
（4）汤色：汤色红艳，碗沿有明亮金圈，冷却后有“冷浑浊”现象。
（5）滋味：茶汤滋味醇厚、鲜甜。
（6）叶底：芽叶齐整均匀，柔软厚实，色泽红亮鲜活。

（二）劣质红茶的特征

（1）外形：大小长短不均，外形粗糙，杂质多。
（2）色泽：叶色暗黑，芽尖发黑，或茶叶呈青灰色、银白色；粗老叶色泽枯红。
（3）香气：香气低弱、浑浊、持续时间短，或有异味。
（4）汤色：汤色呈深暗色或浅暗混浊。
（5）滋味：味淡薄或带粗涩味。
（6）叶底：叶底花青、乌暗且不展开。

二、常见红茶的审评

（一）祁红工夫

“祁红”的品质特点为外形细紧，苗锋良好，色泽乌黑油润，汤色红亮，香气浓郁带糖香，滋味醇和回甘，叶底红匀细软。审评“祁红”毛茶和精茶，在对照各级标准样的基础上，重点抓住嫩度与条索的紧实程度。身骨空松轻飘，色泽枯灰，汤色浅薄（红），香气粗糙，滋味薄涩，叶底青暗，是低次产品的特征。不同季节所产的“祁红”，春茶嫩度好，色泽乌润，香味柔和，品质较好；夏秋茶汤色、叶底较为红亮，但香味的鲜醇度不如春茶，总的品质比春茶差。

（二）滇红工夫

滇红工夫产于云南。其品质特点：色泽棕褐，外形肥壮，显露金毫，汤色红亮，香气浓郁，滋味浓醇回甘，叶底肥软，红匀明亮。“滇红”茶多酚含量高，茶味浓而耐泡，经 3 次冲泡还有茶味。对毛茶和精茶的审评以标准样为基础，抓住嫩度是重点。嫩度是滇红内在品质的客观标准。其精茶除嫩度之外，净度也很重要，一、二级茶显露芽锋，不应含有茶梗与朴片。

三、一般注意事项

人在没吃饭的时候饮用绿茶会感到胃部不舒服，这是因为茶叶中所含的重要物质——茶多酚具有收敛性，对胃有一定的刺激作用，在空腹情况下刺激性更强。而红茶是经过发酵烘制而成的，茶多酚在氧化酶的作用下发生酶促氧化反应，含量减少，对胃部的刺激性就随之减小了。红茶不仅不会伤胃，而且能够养胃。经常饮用加糖的红茶、加牛奶的红茶，能消炎、保护胃黏膜，对胃溃疡也有一定治疗效果。但红茶不宜放凉饮用，会影响暖胃效果，还可能因为放置时间过长而降低营养含量。

新茶并非越新越好，喝法不当易伤肠胃，由于新茶刚采摘回来，存放时间短，含有较多的未经氧化的多酚类、醛类及醇类等物质，这些物质对健康人群并没有多少影响，但对胃肠功能差，尤其本身就有慢性胃肠道炎症的病人来说，这些物质就会刺激胃肠黏膜，原本胃肠功能较差的人更容易诱发胃病。因此，新茶不宜多喝，存放不足半个月的新茶更不要喝。此外，新茶中还含有较多的咖啡因、活性生物碱及多种芳香物质，这些物质会使人的中枢神经系统兴奋，有神经衰弱、心脑血管病的患者应适量饮用，且不宜在睡前或空腹时饮用。正确方法是放置半个月以后再使用。

另外还应注意：不要用茶水送服药物；服药前后 1 小时内不要饮茶。人参、西洋参不宜和茶一起食用。忌饮浓茶解酒；饭前不宜饮茶；饭后忌立即喝茶；少女忌喝浓茶。

实训安排

实训项目	品鉴红茶
实训要求	（1）能够熟练掌握红茶的分类 （2）能够熟悉各类红茶的品质特征 （3）能够熟练掌握祁门红茶、滇红工夫、正山小种的基本特征
实训时间	90 分钟
实训场所与工具	（1）可以进行茶叶鉴别的茶艺实训室 （2）多媒体教室、代表性红茶 （3）茶荷、随手泡、盖碗、玻璃杯、滤网、公道杯、茶叶罐、白瓷碗、汤匙
实训方法	示范讲解、情境模拟、分组品鉴、小组讨论

实训步骤及要求：

（1）教师展示并讲解红茶的代表茶叶及其基本特征。

（2）学生分组鉴赏茶叶。
（3）教师示范讲解茶叶鉴赏的基本知识。
（4）学生分组进行茶叶鉴赏。
（5）学生完成实训报告。

实训报告单

实训项目　　　　　　班级　　　　组别　　　　姓名　　　　学号

序号	茶叶名称	项目					
		外形	干茶色泽	香气	茶汤色泽	滋味	所属茶类
1	祁红工夫						
2	滇红工夫						
3	正山小种						
4	金骏眉						
5	云南大叶种红碎茶						

任务总结

红茶是一类全发酵的茶，具有红叶、红汤的品质特点，因为原料和工艺的不同，形成了不同的种类。工夫红茶、小种红茶、红碎茶是红茶的三个主要类型，另外还有速溶红茶，它们之间有着比较明显的差别，可以通过看外形、观汤色、品滋味、评叶底，来分辨是哪一种红茶，并判定其品质的优劣。

任务 4　认识乌龙茶

知识目标

熟悉乌龙茶的初加工工艺
掌握乌龙茶的种类
掌握名优乌龙茶的品质特点

实训目标

掌握乌龙茶品鉴的方法
区分安溪铁观音、武夷大红袍、武夷铁罗汉、广东凤凰单丛、台湾冻顶乌龙茶等主要名优乌龙茶品质之间的差异性

任务导入

有些乌龙茶，如大红袍，外观上与红茶很相似，被很多人误以为是红茶，其实不然，大红袍是正宗的乌龙茶，而且是武夷四大名丛之首，享誉海内外，那我们如何辨别乌龙茶呢？

知识准备

一、乌龙茶简介

乌龙茶（oolong tea），亦称青茶，属于半发酵茶，品种较多，是我国几大茶类中独具鲜明汉族特色的茶叶品类，主要产于福建省安溪县等地。乌龙茶是经过采摘、萎凋、做青、炒青、揉捻、烘焙等工序后制出的品质优异的茶类。乌龙茶由宋代贡茶龙团凤饼演变而来，创制于1725年前后（清雍正年间），品尝后齿颊留香，回味甘鲜。乌龙茶的药理作用，突出表现在分解脂肪、减肥健美等方面，在日本被称为“美容茶”“健美茶”。乌龙茶除了内销广东、福建和港澳地区外，主要出口日本、东南亚等地。

二、乌龙茶的发源

乌龙茶起源于福建，至今已有1000多年的历史。乌龙茶的形成与发展，首先要追溯至北苑茶。北苑茶是福建最早的贡茶，也是宋代以后最为著名的茶叶，历史上介绍北苑茶产制和煮饮的著作就有十多种。北苑是福建建瓯凤凰山周围的地区，在唐末已产茶。

据《闽通志》载，唐末建安张廷晖雇工在凤凰山开辟山地种茶，初为研膏茶，宋太宗太平兴国二年（977年）已产制龙凤茶，宋真宗咸平元年（998年）以后改造小团茶，成为名扬天下的龙团凤饼。当时任过福建转运吏，监督制造贡茶的蔡襄，特别称颂北苑茶，他在《茶录》中说道：“茶味主于甘滑，唯北苑凤凰山连属诸焙所产者味佳。”北苑茶重要成品属于龙团凤饼，其采制工艺如皇甫冉送陆羽的采茶诗《送陆鸿渐栖霞寺采茶》里所说：“采茶非采芽，远远上层崖。布叶春风暖，盈筐白日斜。”采得一筐的鲜叶，要经过一天的时间，叶子在筐子里摇荡积压，到晚上才能开始蒸制，这种经过积压的原料无意中就发生了部分红变，芽叶经酶促氧化的部分变成了紫色或褐色，究其实质已属于半发酵了，也就是所谓乌龙茶的由来。因此，说北苑茶是乌龙茶的前身是有一定科学根据的。

武夷山茶在北苑茶之后，于元朝、明朝、清朝获得贡茶地位，获得发展。现所说的乌龙茶是安溪人仿照武夷山茶的制法、改进工艺制作出来的一种茶。清《安溪县志》记载：“安溪人于清雍正三年首先发明乌龙茶做法，以后传入闽北和台湾。”另据史料考证，1862年，福州即设有经营乌龙茶的茶栈。1866年，台湾乌龙茶开始外销。现在全国乌龙茶最大产地当属福建安溪，安溪也于1995年被国家农业部和中国农学会等单位命名为“中国乌龙茶（名茶）之乡”。

三、乌龙茶初加工工艺

（一）萎凋

萎凋即乌龙茶区所指的凉青、晒青。通过萎凋散发茶叶部分水分，提高叶子韧性，便于茶叶揉捻成型；同时伴随着失水过程，酶的活性增强，散发部分青草气，有利于香气散发。

（二）做青

做青是乌龙茶制作的重要工序，特殊的香气和绿叶红镶边就是做青中形成的。将萎凋后的茶叶置于摇青机中摇动，叶片互相碰撞，擦伤叶缘细胞，从而促进酶促氧化作用。摇动后，叶片由软变硬。再静置一段时间，氧化作用相对减缓，使叶柄叶脉中的水分慢慢扩散至叶片，此时鲜叶又逐渐膨胀，恢复弹性，叶子变软。经过如此有规律的动与静的过程，茶叶发生了一系列化学变化。叶缘细胞被破坏，发生轻度氧化，叶片边缘呈现红色。叶片中央部分，叶色由暗绿转变为黄绿，即所谓的“绿叶红镶边”；同时水分的蒸发和运转，有利于香气、滋味的增强。

（三）炒青

乌龙茶的内质已在做青阶段基本形成，炒青是承上启下的转折工序，它像绿茶的杀青一样，主要目的是抑制鲜叶中的酶的活性，控制氧化进程，防止叶子继续红变，固定做青形成的品质，其次是低沸点使青草气挥发和转化，形成馥郁的茶香，同时通过湿热作用破坏部分叶绿素，使叶片黄绿而亮。此外，还可挥发一部分水分，使叶子柔软，便于揉捻。

（四）揉捻

通过揉捻，将叶片揉破，使其变轻，卷转成条，体积缩小，且便于冲泡。同时部分茶汁挤溢附着在叶表面，对提高茶滋味浓度也有重要作用。

（五）干燥

干燥可抑制酶促氧化，蒸发水分和软化叶子，并起到热化作用，消除茶叶中的苦涩味，促进滋味醇厚。

四、乌龙茶的种类

乌龙茶是一种半发酵的茶，透明的琥珀色茶汁是其特色。其实乌龙茶只是总称，还可以细分出许多不同类别的茶。例如，本山、黄旦（黄金桂）、水仙、毛蟹、武夷岩茶、冻顶乌龙、肉桂、奇兰、罗汉沉香、凤凰单丛、凤凰水仙、岭头单丛、色种等，以及适合配海鲜类食物的铁观音等，种类多样，主要分为下列几种。

（一）闽南乌龙茶

福建乌龙茶按做青（发酵）程度分闽南乌龙茶和闽北乌龙茶两大类。闽南乌龙茶做青时发酵程度较轻，揉捻较重，干燥过程间有包揉工序，形成外形卷曲，壮结重实，干茶色泽较砂绿润，香气为清香细长型，叶底绿叶红点或红镶边。闽南乌龙茶根据品种不同有安溪铁观音、安溪色种、永春佛手、闽南水仙、平和白芽奇兰、诏安八仙茶、福建单丛等。下面介绍几种主要的闽南乌龙茶。

（1）安溪铁观音。因身骨沉重如铁，形美似观音而得名，是福建乌龙茶中的极品。发源地在闽南的安溪，所以也叫安溪铁观音。“铁观音”既是茶名，又是茶树品种名。此茶外形条索紧结，有的形如秤钩，有的状似蜻蜓头，由于咖啡因随着水分蒸发，在表面形成一层白霜，称作“砂绿起霜”。此茶冲泡后，异香扑鼻，趁热细啜，满口生香，喉底回甘，称得上“七泡有余香”。

（2）安溪色种。主要品种有本山、毛蟹、奇兰、梅占等。

（3）安溪黄金桂。又名“透天香”，以奇异高香而得名。

（4）永春佛手。主产永春县，是福建乌龙茶中具有独特风味的名茶之一。

（二）闽北乌龙茶

闽北乌龙茶做青时发酵程度较重，揉捻时无包揉工序，因而条索肥壮、紧结，带扭曲条形，干茶色泽较乌润，香气为熟香型，汤色橙黄明亮，叶底三红七绿，红镶边明显。闽北乌龙茶根据品种和产地不同，有闽北水仙、闽北乌龙、武夷水仙、武夷肉桂、武夷奇种、普通名丛（金柳条、金锁匙、千里香、不知春等）、名岩名丛（大红袍、白鸡冠、水金龟、铁罗汉、半天矢等）。其中武夷岩茶如武夷水仙、武夷肉桂等香味具特殊的“岩韵”，汤色橙红浓艳，滋味醇厚回甘，叶底肥软、绿叶红镶边。闽北乌龙茶产地包括崇安（除武夷山外）、建瓯、建阳、水吉等地。

（1）武夷岩茶。武夷岩茶是产于福建省武夷山（原崇安县）武夷山区的乌龙茶的统称。武夷岩茶外形肥壮匀整，紧结卷曲，色泽光润，叶背起蛙状。颜色青翠、砂绿、密黄，叶底、叶缘朱红或起红点，中央呈浅绿色。品饮此茶，香气浓郁，滋味浓醇，鲜滑回甘，具有特殊的“岩韵”。其中，大红袍位居武夷岩茶之首，有“茶中之王”之称，名扬内外；铁罗汉位居四大名丛之二；白鸡冠位居四大名丛之三；水金龟位居四大名丛之四。除此之外，武夷肉桂是近几年新开发的岩茶名丛；武夷水仙属半乔木型，叶片比普通小叶种大 1 倍以上。因产地不同，同一品种制成的青茶，如武夷水仙、闽北水仙和闽南水仙，品质差异甚大，以武夷水仙品质最佳；武夷奇种指以单丛冠名以外的茶品种所制成的乌龙茶。

（2）闽北水仙。闽北乌龙茶中的主要品种。

（3）闽北乌龙。外形条索紧细重实，叶端扭曲，叶底柔软，肥厚匀整，绿叶红边。

（三）台湾乌龙茶

台湾乌龙茶产于中国台湾，条形卷曲，呈铜褐色，茶汤橙红，滋味纯正，富有浓烈的果香，冲泡后叶底边红腹绿，其中南投县的冻顶乌龙茶（俗称冻顶茶）知名度极高且最为名贵，是台湾最早生产的茶类。台湾乌龙是乌龙茶类中发酵程度最重的一种，优质乌龙的制造，鲜叶原料标准为一芽二叶，著名的膨风茶，则选用一芽一叶为原料。乌龙茶茶芽肥壮，白毫显，汤色呈琥珀般的橙红色，在国际市场被誉为“香槟乌龙”“东方美人”，以赞其殊香美色。台湾乌龙茶主要品种有青心乌龙、金萱、翠玉等。按其发酵程度的轻重主要有包种茶、冻顶乌龙和白毫乌龙（又名红乌龙）。

（1）包种茶。包种茶是目前台湾生产的乌龙茶中数量最多的，它的发酵程度是所有乌龙茶中最轻的，品质较接近绿茶，外形呈直条形，色泽深翠绿，带有灰霜点；汤色蜜绿，香气有浓郁的兰花清香，滋味醇滑甘润，叶底绿翠。

（2）白毫乌龙。白毫乌龙是所有乌龙茶中发酵最重的，而且鲜叶嫩度也是乌龙茶中最嫩的，一般为带嫩芽采一芽二叶。其外形茶芽肥壮，白毫显，茶条较短，色泽呈红、黄、白三色，汤色呈鲜艳的橙红色，香气有天然的花果香，滋味醇滑甘爽，叶底红褐带红边，叶基部呈淡绿色，芽叶完整。

（3）冻顶乌龙茶。冻顶乌龙茶产于台湾南投县的冻顶山，它的发酵程度比包种茶稍重。外形为半球形，色泽青绿，略带白毫，香气为兰花香、乳香交融，滋味甘滑爽口，汤色金黄中带绿意，叶底翠绿，略有红镶边。相传，清朝道光年间，初乡举人林凤池从福建带回武夷软枝——乌龙植于冻顶山，基于天时、地利、人和，冻顶山俨然成为茶的黄金王国。

（四）广东乌龙茶

广东乌龙茶的加工方法源于福建武夷山，因此，其风格流派与武夷岩茶有些相似，外形呈条形。广东乌龙茶的主制品种有岭头单丛、凤凰单丛无性系——黄枝香单丛、芝兰香单丛、玉兰香单丛、密兰香单丛等及少量凤凰水仙。

（1）凤凰水仙。产于广东潮安凤凰山区的条形乌龙茶，结合地名而称为“凤凰水仙”。凤凰水仙分单丛、浪菜、水仙三个级别。有天然花香，蜜韵，滋味浓、醇、爽、甘，耐冲泡。主销广东、港澳地区，外销日本、东南亚各国、美国。凤凰水仙享有“形美、色翠、香郁、味甘”之誉。茶条肥大，色泽呈鳝鱼皮色，油润有光。茶汤橙黄清澈，味醇爽，口回甘，香味持久，耐泡。

凤凰单丛：是从凤凰水仙的植株中选育出来的优异单株，其采制比凤凰水仙精细，是广东乌龙茶中的极品之一。茶形壮实而卷曲，叶色浅黄带微绿。汤色黄艳衬绿，香气清长，多次冲泡，余香不散，甘味犹存。

浪菜：采摘多为白叶水仙种，叶色浅绿或呈黄绿色。

（2）岭头单丛。条索紧结挺直，色泽黄褐油润；香气有自然花香，滋味醇爽回甘，蜜味显现，汤色橙黄明亮，叶底内腹朱边柔亮。

单丛，品质优于凤凰水仙，其初制加工工艺接近闽北制法，外形也为直条形，紧结重实，色泽金褐油润或绿褐润，其香型因树型、叶型不同而各有差异，有浓郁栀子花香的称为黄枝香单丛，香气清纯浓郁具自然兰花清香的，为芝兰香单丛，还有桂花香、蜜香、杏仁香、天然茉莉香、柚花香等。其滋味醇厚回甘，也因各名丛类型不同，其韵味及回甘度有区别。

五、名优乌龙茶

（一）安溪铁观音

安溪铁观音原产于福建安溪县，安溪铁观音制作严谨，技艺精巧。一年分四季采制，谷雨至立夏为春茶，产量占全年的一半，品质最好。安溪铁观音的制造工艺要经过凉青、晒青、做青、炒青、揉捻、初焙、复焙、复包揉、文火慢烤、簸拣等工序制成。铁观音的品饮，目前在福建泉州、厦门、漳州及潮汕一带和台湾，仍沿袭传统的工夫茶品饮方式。陶壶置茶，冲以沸水，即有一股殊香扑鼻而来，正是“未尝甘露味，先闻圣妙香”，有朋自远方来，飨以工夫茶，确是一种表示敬重客人的生活艺术。

（二）大红袍

当代书法家张燕生先生曾为武夷山大红袍吟赋题写：“绿叶镶边兮红袍罩身，善缘接善兮一泡心宁”，这应该是对大红袍“禅茶一味”的品质特征的精练概括。大红袍外形条索紧结，颜色呈现出乌黑色，表面有油光，冲泡后汤色橙黄明亮，叶片红绿相间。大红袍品质最突出之处是香气馥郁有兰花香，香高而持久，“岩韵”明显。大红袍很耐冲泡，冲泡七八次仍有香味。品饮大红袍茶，必须按工夫茶小壶、小杯细品慢饮的程式，才能真正品尝到岩茶之巅的禅茶韵味。注重活、甘、清、香。

（三）铁罗汉

铁罗汉原产福建省武夷山市慧苑岩之内鬼洞（亦称峰窠坑），两旁悬崖峭壁，铁罗汉树植于一狭长地带的小溪涧旁（竹窠岩长窠内亦有与此齐名之树）。相传宋代已有铁罗汉名，为最早的武夷名丛，主要分布在武夷山内山（岩山）。20 世纪 90 年代以来，武夷山市已扩大铁罗汉的栽培。国内一些科研、教学单位有引种。铁罗汉茶的采制技术与其他岩茶相类似，只不过更加精细而已。每年春天，采摘 3～4 叶开面新梢，经凉青、晒青、做青、炒青、初揉、复炒、复揉、走水焙、簸拣、摊凉、拣剔、复焙、再簸拣、补火而制成。铁罗汉的品质特征是：外形条索壮实，色泽绿褐鲜润，冲泡后汤色呈现出美丽的橙色，典型的叶片有“绿叶红镶边”之美感。冲泡后，有浓厚的花香味。

（四）冻顶乌龙茶

冻顶乌龙茶是台湾所产乌龙茶的一种，产地为台湾鹿谷乡凤凰村、永隆村和彰雅村（冻顶巷），茶区海拔 600～1000 米。台湾鹿谷附近冻顶山，山多雾，路陡滑，上山采茶都要将脚尖“冻”起来，避免滑下去，山顶叫冻顶、山脚叫冻脚。所以冻顶茶产量有限，尤为珍贵。冻顶乌龙茶汤清爽怡人，汤色蜜绿带金黄，茶香清新典雅，香气清雅，喉韵回甘浓郁且持久，被誉为“茶中圣品”，据说是帝王级泡澡茶浴的佳品。冻顶乌龙茶的特点为：外形卷曲呈半球形，色泽墨绿油润，冲泡后汤色黄绿明亮，香气高，有花香略带焦糖香，滋味甘醇浓厚，耐冲泡。冻顶乌龙茶品质优异，历来深受消费者的青睐，畅销我国台湾、港澳地区，在东南亚等地也极受欢迎。冻顶乌龙茶味醇厚甘润，散发桂花清香，后韵回甘味强，饮后杯底不留残渣。其茶品质，以春茶最好，香高味浓，色艳；秋茶次之；夏茶品质较差。

（五）东方美人茶

东方美人茶是台湾独有的名茶，又名膨风茶，因其茶芽白毫显著，又名为白毫乌龙茶。它是半发酵青茶中发酵程度最重的茶品，一般的发酵度为 60%，有些则多达 75%～85%，故不会产生任何生菁臭味，且不苦不涩。其主要产地在台湾的新竹、苗栗一带，近年台北坪林、石碇一带为新兴产区。东方美人茶名字的由来，据说是英国茶商将茶献给维多利亚女王，黄澄清透的色泽与醇厚甘甜的口感，令她赞不绝口，既然来自东方，就赐名“东方美人茶”了。

（六）凤凰单丛

凤凰单丛主要产于广东省潮安县凤凰山。该区濒临东海，气候温暖湿润，雨水充足，茶树均生长于海拔 1000 米以上的山区，终年云雾弥漫，空气湿润，昼夜温差大，年均气温在 20℃左右，年降水量 1800 毫米左右，土壤肥沃深厚，含有丰富的有机物质和多种微量元素，有利于茶树的发育与形成茶多酚和芳香物质。凤凰山茶农，富有选种种植经验，现在尚存的3000 余株单丛大茶树，树龄均在百年以上，性状奇特，品质优良，单株高大如榕，每株年产干茶 10 余千克。单丛茶系在凤凰水仙群体品种中选拔优良单株茶树，经培育、采摘加工而成。因成茶香气、滋味的差异，当地习惯将单丛茶按香型分为黄枝香、芝兰香、桃仁香、玉桂香、通天香等多种。其外形条索粗壮，匀整挺直，色泽黄褐，油润有光，并有朱砂红点；冲泡清香持久，有独特的天然花香，滋味浓醇鲜爽，润喉回甘；汤色清澈黄亮，叶底边缘朱红，叶腹黄亮，素有“绿叶红镶边”之称，具有独特的山韵品格；另有一些特殊山场及树种的茶青，经炭火慢焙一段时间后，口感及香气更加独特，“山韵”较轻，火茶更为深厚，耐泡度亦更高。

实践操作

一、品鉴铁观音

品铁观音茶一般由审茶、观茶、品茶三道程序构成。

（一）审茶

审茶是指泡茶前要先审看茶叶。内行人一眼就能分出绿茶、红茶、乌龙茶（青茶）、黄茶、白茶、黑茶等不同种类的茶叶。更讲究的人还可以分出“明前”“雨前”“龙井”“雀舌”等。不同品种的铁观音要求冲泡的水温不同，其沏、冲、泡、煮方法都各不相同。

（二）观茶

观茶即观看铁观音茶叶的形与色。铁观音茶叶一经冲泡后，形状就会发生很大的变化，几乎会恢复到茶叶原来的自然状态。

（三）品茶

品安溪铁观音茶既要品汤味，还要嗅茶香。嗅茶香先是嗅未经冲泡的干茶叶。茶香可分为甜香、焦香、清香等。铁观音茶叶一经冲泡之后，其香味便会从水中散溢出来，此时便可以闻香了。品茶完毕后，可以嗅闻茶盖及杯底的余香。

二、鉴别方法

铁观音鉴别方法包括“干看外形”和“湿评内质（冲水开泡）”这两个程序。

（一）干看外形

这一程序主要是观察铁观音的外形、色泽、匀净度和闻茶米的香气。凡外形肥状、重实，色泽砂绿，干茶（茶米）香气清纯的，均为上品茶；反之为次品茶。

（二）湿评内质

茶叶经沸水冲泡后鉴别其香气、滋味、汤色和叶底。

（1）嗅香气。先嗅香气是否突出，再区别香气高低、长短、强弱、纯浊。嗅香时采用热嗅、温嗅、冷嗅相结合的方法。凡香气突出，香气清高，馥郁悠长的，均为上品；反之为次品。

（2）尝滋味。用茶匙舀取适量的茶汤入口（一定不要太多），通过舌头在口腔中作吮吸打转滚动，使口腔各部位的味细胞做出综合的滋味感应。凡滋味醇厚，醇而带爽，厚而不涩，富有品种韵味特征的，均为上品；反之为次品。

（3）看汤色。看茶汤的颜色深浅、明暗、清浊等。凡汤色橙黄明亮的（绿豆汤色）的为上品，暗浊的为次品。

（4）观叶底。经沸水冲泡过的茶叶（称为“叶底”，俗称“茶渣”），倒入盛有清水的盘中，观察叶底。凡叶底柔软、“青蒂绿腹”明显的，均为上品；反之，为次品。

实训安排

实训项目	品鉴铁观音
实训要求	（1）能够熟练掌握乌龙茶的分类 （2）能够熟练掌握安溪铁观音的品质特点 （3）能够熟悉武夷大红袍、铁罗汉、台湾冻顶乌龙、凤凰单丛的品质特征
实训时间	90 分钟
实训场所与工具	（1）可以进行茶叶鉴别的茶艺实训室 （2）多媒体教室、乌龙茶的代表茶叶 （3）茶荷、随手泡、盖碗、紫砂壶、玻璃杯、滤网、公道杯、茶叶罐、白瓷碗、汤匙
实训方法	示范讲解、情境模拟、分组品鉴、小组讨论

实训步骤及要求：

（1）教师展示并讲解乌龙茶代表茶叶的基本特征。

（2）学生分组鉴赏茶叶。

（3）教师示范讲解茶叶鉴赏的基本知识。

（4）学生分组进行茶叶鉴赏。

（5）学生完成实训报告。

实训报告单

实训项目　　　　班级　　　　组别　　　　姓名　　　　学号

序号	茶叶名称	项目					
		外形	干茶色泽	香气	茶汤色泽	滋味	所属茶类
1	安溪铁观音						
2	武夷大红袍						
3	铁罗汉						

续表

序号	茶叶名称	项目					
		外形	干茶色泽	香气	茶汤色泽	滋味	所属茶类
4	台湾冻顶乌龙						
5	东方美人茶						
6	凤凰单丛						

任务总结

乌龙茶属于半发酵茶，由于产地、工艺和发酵程度的不同呈现不同的品质，主要类型为闽南乌龙、闽北乌龙、广东乌龙和台湾乌龙，通过观外形、嗅香气、看汤色、尝滋味、评叶底，可以分辨是哪一种乌龙茶，特别是名优乌龙茶，如安溪铁观音、武夷大红袍、凤凰单丛、冻顶乌龙，均各具特色，比较容易辨别。

任务5 认 识 白 茶

知识目标

熟悉白茶的初加工工艺

掌握白茶的种类

掌握名优白茶的品质特点

实训目标

掌握白茶品鉴的方法

区分福鼎白茶、政和白茶、老白茶、白毫银针、贡眉、白牡丹等主要名优白茶品质之间的差异性

任务导入

白茶是中国特有的一个茶类，其加工非常简单，不揉不炒，白茶之所以称为白茶，是因为白茶本身是白色的吗？

知识准备

一、白茶简介

白茶属微发酵茶，是汉族茶农创制的传统名茶，中国六大茶类之一。白茶采摘后不经杀青或揉捻，只经过晒或文火干燥后加工，具有外形芽毫完整，满身披毫，毫香清鲜，汤色黄绿清澈，滋味清淡回甘的品质特点，因其成品茶多为芽头，满披白毫，如银似雪而得名。主要产区在福建福鼎、政和、松溪、建阳、云南景谷等地。基本工艺包括萎凋、烘焙（或阴干）、拣剔、复火等工序。云南白茶工艺主要是晒青，晒青茶的优势在于口感

保持茶叶原有的清香味。萎凋是形成白茶品质的关键工序。

二、白茶的发源

白茶，素为茶中珍品，历史悠久。据史料载，东汉时期，一个叫尹珍的青年怀揣家乡生长自制的“茶”，拜谒著名儒学大师许慎，遭门丁刁难，便在其檐下席地嚼“茶”，片刻，许慎整个府邸充溢着浓郁的茗香。许慎踱步而出溯源，随即便邀尹珍入书房，将其“茶”冲泡相观，但见其外形优美，白色叶底如银针坠壶，汤色碧绿明亮，品之顿觉味鲜而清爽醇厚，偶有淡雅苦味，即刻津生口中。他在《说文解字》中对“茶”进行了专门的注解。

白茶的名字最早出现在唐朝陆羽的《茶经·七之事》中，其记载：“永嘉县东三百里有白茶山。”陈椽教授在《茶叶通史》中指出：“永嘉东三百里是海，是南三百里之误。南三百里是福建福鼎（唐为长溪县辖区），系白茶原产地。”可见唐代长溪县（福建福鼎）已培育出“白茶”品种。因仅有名称，能否作为起源证据还有待进一步商榷。清嘉庆初年（1796 年）已有白茶生产，当时以闽北菜茶品种为鲜叶。清咸丰、同治年间（1851～1874 年），政和铁山乡人改植大白茶，并于光绪十五年（1889 年）用大白茶制银针试销成功，次年运销国外。白牡丹始创于建阳水吉镇。1922 年，政和县也开始制造白牡丹，运销香港，价格比普通红茶和绿茶高出一倍多。

三、白茶初加工工艺

白茶的制作工艺是最自然的，把采下的新鲜茶叶薄薄地摊放在竹席上，置于微弱的阳光下，或置于通风、透光效果好的室内，让其自然萎凋。晾晒至七八成干时，再用文火慢慢烘干即可。由于制作过程简单，得以用最少的工序进行加工。

白茶的制作工艺，一般分为萎凋和干燥两道工序，而其关键在于萎凋。萎凋分为室内自然萎凋、复式萎凋和加温萎凋。要根据气候灵活掌握萎凋的方法，以春秋晴天或夏季不闷热的晴朗天气，采取室内萎凋或复式萎凋为佳。其精制工艺是在剔除梗、片、蜡叶、红张、暗张之后，以文火进行烘焙至足干，只宜以火香衬托茶香，待水分含量为 4%～5%时，趁热装箱。白茶制法的特点是既不破坏酶的活性，又不促进氧化作用，且保持毫香显现，汤味鲜爽。

（一）采摘

根据气温采摘玉白色一芽一叶初展鲜叶，做到早采、嫩采、勤采、净采。芽叶成朵，大小均匀，留柄要短，轻采轻放，竹篓盛装，竹筐储运。

（二）萎凋

采摘鲜叶用竹匾及时摊放，厚度均匀，不可翻动。摊青后，根据气候条件和鲜叶等级，灵活选用室内自然萎凋、复式萎凋或加温萎凋。当茶叶达七八成干时，室内自然萎凋和复式萎凋都需进行并筛。

（三）烘干

初烘：烘干机温度100～120℃，时间：10分钟；摊凉：15分钟。复烘：温度80～90℃；低温长烘70℃左右。

（四）保存

茶叶干茶含水分控制在5%以内，放入冰库，温度1～5℃。冰库取出的茶叶3小时后打开，进行包装。

四、白茶的种类

白茶因茶树品种、原料（鲜叶）采摘的标准不同，鲜叶原料不同，可分为白毫银针、白牡丹、贡眉、寿眉及新工艺白茶等。

（一）白毫银针

白毫银针，简称银针，又叫白毫，因其白毫密披、色白如银、外形似针而得名，其香气清新，汤色淡黄，滋味鲜爽，是白茶中的极品，素有“茶中美女”“茶王”之美称。

（二）白牡丹

白牡丹因其绿叶夹银白色毫心，形似花朵，冲泡后绿叶托着嫩芽，宛如蓓蕾初放，故得美名。白牡丹是采自大白茶树或水仙种的短小芽叶新梢的一芽二叶制成的，是白茶中的上乘佳品。

（三）贡眉

贡眉是白茶中产量最高的一个品种，其产量占白茶总产量的一半以上。它是以菜茶茶树的芽叶制成，这种用菜茶芽叶制成的毛茶称为“小白”，以区别于福鼎大白茶、政和大白茶茶树芽叶制成的“大白”毛茶。以前，菜茶的茶芽被用来制造白毫银针等品种，但后来则改用“大白”来制作白毫银针和白牡丹，而“小白”就用来制造贡眉了。

贡眉的产区主要位于福建省的建阳市，在建瓯、浦城等地也有生产。制作贡眉的鲜叶的采摘标准为一芽二叶至一芽三叶，采摘时要求茶芽中含有嫩芽、壮芽。贡眉的制作工艺分为初制和精制，优质的贡眉成品茶毫心明显，茸毫色白且多，干茶色泽翠绿，冲泡后汤色呈橙黄色或深黄色，叶底匀整、柔软、鲜亮，叶片迎光看去，可透出主脉的红色，品饮时感觉滋味醇爽，香气鲜纯。

（四）寿眉

寿眉是用采自菜茶（福建茶区对一般灌木茶树之别称）品种的短小芽片和大白茶片叶制成的白茶。寿眉形状卷曲，以灰绿色为主，泡开后，汤色为琥珀色，清澈透明，香气鲜纯。寿眉的采摘时期通常较晚，最早也得4月下旬，所以5月以后才能喝到新寿眉。寿眉与贡眉的区别就是品质不同。通常贡眉的品质要比寿眉高一些，介于白牡丹与寿眉之间。

（五）新工艺白茶

新工艺白茶为福建的特产，简称新白茶，主要产区在福鼎、政和、松溪、建阳等地，是 1968 年研制的一个新产品，1969 年正式投产，其生产技术只有福鼎市少数技术人员掌握。2002 年，美国的医疗研究机构研究表明，白茶茶叶的“三抗三降”功效显著，而新工艺白茶又比白茶中的其他产品更有效果，尤其是新工艺白茶的防癌功效最强。因此，新工艺白茶是最受欢迎的白茶产品之一。新工艺白茶产品已远销欧盟及东南亚国家和地区。新工艺白茶制作工艺为：萎凋、轻揉、干燥、拣剔、过筛、打堆、烘焙、装箱。新工艺白茶外形叶张略有缩褶，呈半卷条形，色泽暗绿带褐，香清味浓，汤色、汤味似绿茶但无清香，似红茶而无发酵感，浓醇清甘是其特色。工艺茶条形较贡眉紧卷，汤味较浓，汤色较浓，十分受消费者的欢迎。

五、名优白茶

（一）福鼎白茶

福鼎白茶具有地域唯一、工艺天然和功效独特等特性。白茶性清凉，可消热降火、消暑解毒。清代周亮工的《闽小记》载：“白毫银针，产太姥山鸿雪洞，其性寒凉，功同犀角，是治麻疹之圣药。”欧美国家对白茶研究发现，相比其他茶类，白茶的自由基含量最低，黄酮含量最高，氨基酸含量平均值高于其他茶类，可降血压、降血脂、降血糖、抗氧化、抗辐射、抗肿瘤，常饮用白茶，人体免疫力细胞的干扰素分泌量增加 5 倍。

福鼎大白茶原产于福鼎太姥山。传说，尧帝时有一老妇在此居住，以种蓝为业，为人乐善好施，深得人心，并曾将其所种绿雪芽茶作为治疗麻疹的圣药，救活很多小孩，人们对她感恩戴德，把她奉为神明，称她为太母，这座山也因此名为太母山。到汉武帝时，汉武帝派遣东方朔到各地授封天下名山，于是太母山被封为天下三十六座名山之首，并正式改名为太姥山。福鼎太姥山上还留有相传是太姥娘娘手植的福鼎大白茶原始母树——绿雪芽古茶树、太姥娘娘发现绿雪芽的山洞和浇灌绿雪芽的丹井。1857 年前后，柏柳乡竹栏头村（今点头镇过笕村竹栏头自然村）陈焕把此茶移植家中繁育了福鼎大白茶。

（二）政和白茶

政和白茶是福建省政和县特产。政和白茶以中国国家级优良茶树品种茶政和大白茶为原料，经政和县茶农特有的制茶技艺加工生产，所产政和白茶具有鲜纯、毫香、凉爽的品质特征，不仅具有解暑、退热、降火、生津止渴功效，还具有降血压、解毒、止泻、杀菌、抗氧化、抗辐射、抗肿瘤等功效。

（三）老白茶

老白茶，即储存多年的白茶，其中的“多年”是指在一个合理的保质期内，如 10～

20年。在多年的存放过程中，茶叶内部成分缓慢地发生着变化，香气成分逐渐挥发，汤色逐渐变红，滋味变得醇和，茶性也逐渐由凉转温。一般的茶保质期为两年，因为过了两年的保质期，即使保存得再好，茶的香气也已散失殆尽，白茶却不同，它与生普洱一样，储存年份越久，茶味越是醇厚和香浓，素有“一年茶、三年药、七年宝”之说，一般五六年的白茶就可算老白茶，十几二十年的老白茶已经非常难得。白茶存放时间越长，其药用价值越高，因此老白茶极具收藏价值。

实践操作

一、品鉴白茶的方法

（一）观色

白茶鲜叶越嫩、越饱满，白化程度越强，制成的干茶越显金黄，品质越高，越显尊贵。

（二）闻香

嫩香是大山坞白茶的特色之一，无论是干茶还是冲泡后的茶汤，嫩香越浓，越持久，品质越高。

（三）赏奇

用95℃左右开水冲泡白茶，切勿加盖，至3分钟后，观白茶舒展、还原呈玉白色，叶片莹薄透明，叶脉翠绿色，叶底完整均匀、成朵，似片片翡翠起舞，颗颗白玉卧底，汤色嫩绿明亮，此时，白茶的独特性状达到至纯至美。

（四）品评

待茶汤凉至可入口时，细细品味，滋味鲜爽，甘味生津，唇齿留香，进入最高境界。

（五）添水

待茶汤饮至茶杯的三分之一时，添加开水再饮，一般冲饮三次为宜。

二、注意事项

饮用白茶，不宜太浓，一般150毫升的水用5克的茶叶就足够了。水温要求在95℃以上，第一泡时间约3分钟，经过滤后将茶汤倒入茶盅即可饮用。第二泡只要5分钟即可，也就是要做到随饮随泡。一般情况下一杯白茶可冲泡四五次。白茶性寒凉，对于胃热者可在空腹时适量饮用，胃中性者，随时饮用都无妨，而胃寒者则要在饭后饮用，但白茶一般情况下是不会刺激胃黏膜的。

饮用白茶的用具，并无太多的讲究，可用茶杯、茶盅、茶壶等。如果采用“工夫茶”的饮用茶具和冲泡办法，效果更好。

白茶用量，一般每人每天只要5克就足够，老年人更不宜太多。其他茶也是如此，饮多了就会“物极必反”，反而起不到保健的作用。肾虚体弱者、心动过快的心脏病患者、严重高血压患者、严重便秘者、严重神经衰弱者、缺铁性贫血者都不宜喝浓茶，也不宜空腹喝茶，否则可能引起“茶醉”现象。白茶的保健作用属细水长流，不可间断，否则，难以起到功效。古代名医华佗在《食论》中提出了“苦茶久食，益意思”的论点。茶还要择时而饮，不宜盲目饮用。俗话说：“饭后茶消食，午茶长精神。”饭前与临睡前不宜饮茶。

三、审评内质

审评内质时主要审评茶汤的色泽、香气、滋味和叶底。审评方法为：将 3 克茶叶用 150 毫升沸水冲泡，浸泡 5 分钟后对各审评项目进行审评。

（一）汤色

汤色以橙黄明亮或浅杏黄色为好，红、暗、浊为劣。

（二）香气

香气以毫香浓郁、清鲜纯正为上，淡薄、生青气、发霉失鲜、有红茶发酵气为次。

（三）滋味

白茶滋味以鲜美、酵爽、清甜为上，粗涩淡薄为差。

（四）叶底

白茶叶底的嫩度和色泽作为内质重要因子加以评定。叶底嫩度以匀整、毫芽多为上，带硬梗、叶张破碎、粗老为次；色泽以鲜亮为好，花杂、暗红、焦红边为差。

实训安排

实训项目	品鉴白茶
实训要求	（1）能够熟练掌握白茶的分类 （2）能够熟练掌握名优白茶的品质特征 （3）了解白茶的加工工艺
实训时间	90 分钟
实训场所与工具	（1）可以进行茶叶鉴别的茶艺实训室 （2）多媒体教室、白茶的代表茶叶 （3）茶荷、随手泡、盖碗、紫砂壶、玻璃杯、滤网、公道杯、茶叶罐、白瓷碗、汤匙
实训方法	示范讲解、情境模拟、分组品鉴、小组讨论

实训步骤及要求：

（1）教师展示并讲解名优白茶的基本特征。

（2）学生分组鉴赏茶叶。

（3）教师示范讲解茶叶鉴赏的基本知识。

（4）学生分组进行茶叶鉴赏。

（5）学生完成实训报告。

实训报告单

实训项目　　　　　　　班级　　　　组别　　　　姓名　　　　学号

序号	茶叶名称	项目					
		外形	干茶色泽	香气	茶汤色泽	滋味	所属茶类
1	福鼎白茶						
2	政和白茶						
3	老白茶						
4	白牡丹						
5	白毫银针						
6	贡眉						

任务总结

白茶不揉不炒的独特制作工艺，既不破坏酶的活性，又不促进氧化作用，且保持毫香显现，汤味鲜爽。白茶素有“一年茶、三年药、七年宝”之说，特别是老白茶，其保健功效尤为显著。审评白茶和平时品鉴是不一样的，审评白茶时将 3 克茶叶用 150 毫升沸水冲泡，浸泡 5 分钟后对各审评项目进行审评，主要审评茶汤的色泽、香气、滋味和叶底。而品鉴白茶基本遵循品尝的程序，观外形、闻茶香、看汤色、品滋味、察叶底就可以了。

任务 6　认 识 黄 茶

知识目标

熟悉黄茶的初加工工艺

掌握黄茶的种类

掌握名优黄茶的品质特点

实训目标

掌握君山银针品鉴的方法

区分君山银针、霍山黄芽、蒙顶黄芽、北港毛尖、广东大叶青等主要名优黄茶品质之间的差异性

任务导入

君山银针始于唐代，因茶叶满披茸毛，底色金黄，冲泡后如黄色羽毛一样根根竖立而一度被称为“黄翎毛”。相传文成公主出嫁西藏时就曾选带了君山茶。乾隆皇帝下江南时品尝到君山银针，十分赞许，将其列为贡茶。君山银针外裹一层白毫，与白茶的外在

品质很相似，为什么不属于白茶呢？

知识准备

一、黄茶简介

黄茶是我国特产。其按鲜叶老嫩及芽叶大小又分为黄芽茶、黄小茶和黄大茶。黄芽茶主要有君山银针、蒙顶黄芽和霍山黄芽；沩山毛尖、北港毛尖、平阳黄汤等均属黄小茶；而安徽霍山黄茶和广东大叶青则为黄大茶。黄茶的品质特点是黄叶黄汤。湖南岳阳为中国黄茶之乡。

黄茶属轻发酵茶类，加工工艺近似绿茶，只是在干燥过程的前或后，增加一道“闷黄”的工艺，促使其多酚叶绿素等物质部分氧化。其制作过程为：鲜叶杀青、闷黄、干燥。黄茶的杀青、揉捻、干燥等工序均与绿茶制法相似，其最重要的工序在于闷黄，这是形成黄茶特点的关键，主要做法是将杀青和揉捻后的茶叶用纸包好，或堆积后以湿布盖之，时间以几十分钟或几个小时不等，促使茶坯在水热作用下进行非酶性的自动氧化，形成黄色。

二、黄茶的发源

黄茶自古至今有之，但不同的历史时期，不同的观察方法赋予黄茶以不同的含义。历史上最早记载的黄茶概念，不同于现今所指的黄茶，是就茶树品种原有特征、茶树生长的芽叶自然显露黄色而言。如在唐朝享有盛名的安徽寿州黄茶和作为贡茶的四川蒙顶黄芽，都因芽叶自然发黄而得名。

在历史上，未产生系统的茶叶分类理论之前，众多消费者大都凭直观感觉辨别黄茶。这种识别黄茶的方法，混淆了加工方法和茶叶品质极不相同的几个茶类，涉及很多种品质各异的茶叶。有些因鲜叶具嫩黄色芽叶而得名的黄茶，实则为绿茶类。还有采制粗老的绿茶、晒青绿茶、陈绿茶、青茶的连心、包种等都是黄色黄汤，很易误认为是黄茶。

三、黄茶初加工工艺

黄茶的品质特点是黄汤黄叶，制法特点主要是闷黄过程，利用高温杀青破坏酶的活性，其后多酚物质的氧化作用则是由湿热作用引起，并产生一些有色物质。变色程度较轻的，是黄茶，程度重的，则形成了黑茶。

（一）杀青

黄茶通过杀青，破坏酶的活性，蒸发一部分水分，散发青草气，对香味的形成有重要作用。

（二）闷黄

闷黄是黄茶类制造工艺的特点，是形成黄色茶汤的关键工序。从杀青到干燥结束，都可以为茶叶的黄变创造适当的湿热工艺条件，但作为一个制茶工序，有的茶在杀青后闷黄，有的则在毛火后闷黄，有的闷炒交替进行。针对不同茶叶品质，闷黄的方法不一，但殊途同归，都是为了形成良好的黄色茶汤品质特征。影响闷黄的因素主要有茶叶的含水量和叶温。含水量愈多，叶温愈高，湿热条件下的黄变过程愈快。

（三）干燥

黄茶的干燥一般分几次进行，干燥要求的温度也比其他茶类偏低。

四、黄茶的种类

（一）黄芽茶

黄芽茶的原料细嫩，以单叶或一芽一叶采摘后加工而成。黄芽茶主要有湖南岳阳的君山银针、四川雅安的蒙顶黄芽及安徽霍山黄芽。湖南新化奉家山的蒙洱银针以一芽一叶焯后再烤黄而成。

（二）黄大茶

黄大茶以采摘一芽二三叶乃至四五叶为原材料加工制作而成，主要有安徽霍山的霍山黄大茶和广东湛江等地的广东大叶青。

（三）黄小茶

黄小茶是以采摘细嫩的芽叶加工而成，主要有湖南岳阳的北港毛尖、湖南宁乡的沩山毛尖、湖北远安的远安鹿苑和浙江温州的平阳黄汤。

五、名优黄茶

（一）君山银针

君山银针是黄芽茶之极品，其成品茶外形茁壮挺直，重实匀齐，银毫披露，芽身金黄光亮，内质毫香鲜嫩，被誉为“金镶玉”。若以玻璃杯冲泡，可见芽尖冲上水面，悬空竖立，下沉时如雪花下坠，沉入杯底，状似鲜笋出土，又如刀剑林立，再冲泡再竖起，能够三起三落。君山银针在国际和国内市场上都久负盛名，身价千金（现北京市场零售价每市斤已逾千元）。君山银针的特点：茶形紧实挺直；芽身金黄、色泽润亮；香气高；汤色杏黄清澈；茶味爽甜醇厚；叶底嫩黄明亮。

（二）安徽霍山黄芽

安徽霍山黄芽亦属黄芽茶的珍品，产于安徽省大别山区的霍山县。霍山茶的生产历史悠久，从唐代起即有生产。其所产黄芽为名茶极品，明清时更被列为宫廷贡品。对此，《唐国史补》《群芳谱》等均有记载。霍山黄芽要求鲜叶细嫩新鲜，一般当天采芽当天制作，分杀青、初烘、摊放、复烘、足烘五道工序，在摊放和复烘后，茶叶会变潮、变黄。霍山黄芽的特点：茶形细嫩多亮、形如雀尖；茶色嫩黄；香气为栗香；汤色黄绿清明；茶味醇厚有回甘；叶底黄亮、嫩匀、厚实。

（三）四川蒙顶黄芽

四川蒙顶黄芽产于四川省名山县蒙山。蒙山产茶的历史十分悠久，蒙顶茶自唐至明、清，都是有名的贡茶。有不少茶馆、茶庄悬挂“扬子江中水，蒙顶山上茶”的对联，可见蒙顶茶影响之深远。每年春分时节开始采制蒙顶黄茶，选择肥壮的芽头一芽一叶初展，经杀青、处包、复炒等工序制成。蒙顶黄芽的特点：茶形扁直，芽毫毕露；茶色微黄；甜香浓郁；汤色黄亮；叶底嫩黄匀亮。

（四）湖南岳阳的北港毛尖

岳阳自古以来为游览胜地，其产北港茶在唐代就很有名气。北港发源于梅溪，全长 2 公里余，因位于南港之北而得名。岳阳市康王乡北港湖一带，是现今的北港毛尖产地。北港毛尖一般在清明后 5～6 天开采，鲜叶标准为一芽二三叶，选晴天采摘，不采虫伤叶、紫色叶，鱼叶不带蒂，嫩度分特号、1～4 号五个档次。

（五）广东的大叶青

大叶青为广东特产。制法是先萎凋后杀青，再揉捻闷堆。这与其他黄茶不同。产品品质具有黄茶的一般特点，所以也归属黄茶类。其产地为广东省韶关、肇庆、湛江等县市。广东大叶青的品质特点是，外形条索肥壮、紧结、重实，老嫩均匀，叶张完整，显毫，色泽青润显黄，香气纯正，滋味浓醇回甘，汤色橙黄明亮，叶底淡黄。产品分 1～5 级。

实践操作

一、君山银针的品鉴

君山银针是黄茶中最杰出的代表，色、香、味、形俱佳，是茶中珍品。其成品茶芽头壮硕，坚实挺直，芽身金黄，周披银毫，内质毫香鲜嫩，汤色黄亮明净，叶底嫩黄清亮，香气清醉，滋味甘爽。冲泡时，可从清亮的茶汤中看到一根根“银针”直立向上，几番飞舞后慢慢沉落，最后簇立于杯底，入口时清香醉人，满口芳香。

（一）精工细作

君山银针的制作工艺包括杀青、摊凉、初烘、初包、复烘、再摊凉、复包、足火等工序，历时三昼夜，长达 70 多个小时之久。杀青前要先将杀青锅磨光，茶叶下锅后，轻捞、慢推、上抛、下抖，手法轻柔，动作翻飞。茶叶含水量减至 70%左右，出锅摊凉剔除碎杂，几分钟后即可初烘，至茶叶五成干时结束。初包就是用牛皮纸包成小包，置于木箱内闷黄，40～48 小时后即可松包复烘。初包对于分量、时间、温度、环境等有很多要求，初步形成了银针的品质。之后依次进行复烘，摊凉、复包、复烘和足火，完成全部制作工序。

（二）三起三落

冲泡君山银针最好的用具是玻璃杯，用沸水冲入，5～10 秒钟后，可见茶叶在杯中根根直立，竖悬于汤中，升到水面，之后缓缓下沉，再升再沉。如此往复三次，最终簇立于杯底，每一芽叶含一水珠，雅称“玉舌含珠”。品此茶，在得到味觉享受的同时，还可体会到绝妙的视觉享受。

二、蒙顶黄芽的品鉴

蒙顶黄芽产于四川蒙顶山山区，其外形扁平挺直，色泽黄润，芽毫显露。汤色黄亮透碧，香甜鲜嫩，滋味鲜醇回甘，叶底嫩黄完整。众多消费者大都凭直观感觉辨别黄茶，这种识别黄茶的方法，混淆了加工方法和茶叶品质极不相同的几个茶类。那么，如何品鉴蒙顶黄芽？

外形：芽条匀整，扁平挺直。

色泽：色泽黄润，芽毫显露。

汤色：黄中透碧，清澈明亮。

香气：甜香清纯，芬芳鲜醇。

滋味：滋味鲜醇，浓郁甘爽。

叶底：全芽嫩黄，嫩匀，芽叶匀整。

实训安排

实训项目	品鉴黄茶
实训要求	（1）能够熟练掌握黄茶的分类 （2）能够熟练掌握名优黄茶的品质特征 （3）了解黄茶的加工工艺
实训时间	45 分钟
实训场所与工具	（1）可以进行茶叶鉴别的茶艺实训室 （2）多媒体教室、名优黄茶 （3）茶荷、随手泡、盖碗、玻璃杯、滤网、公道杯、茶叶罐、白瓷碗、汤匙
实训方法	示范讲解、情境模拟、分组品鉴、小组讨论

实训步骤及要求：

（1）教师展示并讲解黄茶的基本特征。

（2）学生分组鉴赏茶叶。

（3）教师示范讲解茶叶鉴赏的基本知识。

（4）学生分组进行茶叶鉴赏。

（5）学生完成实训报告。

实训报告单

实训项目　　　　班级　　　　组别　　　　姓名　　　　学号

序号	茶叶名称	项目					
		外形	干茶色泽	香气	茶汤色泽	滋味	所属茶类
1	君山银针						
2	蒙顶黄芽						

续表

序号	茶叶名称	项目					
		外形	干茶色泽	香气	茶汤色泽	滋味	所属茶类
3	霍山黄芽						
4	北港毛尖						
5	广东大叶青						

任务总结

黄茶的加工经过了杀青、揉捻、闷黄、干燥等步骤，形成了黄叶黄汤的品质特点，品鉴时应主要从色、形、味等几个方面综合进行评价。在掌握各种不同类型黄茶的品质特征后，逐一对号入座，在实践中不断体会各类黄茶之间的差异，在正确区分的基础上，进一步辨别其优劣。

任务7 认识黑茶

知识目标

熟悉黑茶的初加工工艺

掌握黑茶的种类

掌握名优黑茶的品质特点

实训目标

掌握黑茶品鉴的基本方法

区分湖南安化黑茶、茯砖、花砖、青砖茶、四川边茶、广西梧州六堡茶等主要名优黑茶品质的差别

任务导入

虽然按史书记载，安化黑茶历史可追溯到1000多年前唐代的“渠江薄片”，但是长沙马王堆汉墓出土文物又改写了历史。1972～1974年，长沙马王堆一、三号汉墓出土有“一笥”竹简，经考证即茶一箱，箱内黑色颗粒状实物，用显微镜切片被确认为是茶。那么黑茶到底是如何产生的呢？

知识准备

一、黑茶简介

由于黑茶的原料比较粗老，制作时往往要堆积发酵较长时间，所以叶片大多呈现暗褐色，因此被人们称为“黑茶”。其品质特点为干茶色泽黑褐油润，汤色橙黄或橙红，香

味醇和，带松烟香味，叶底黄褐粗大。

二、黑茶的发源

黑茶是利用菌发酵的方式制成的一种茶叶，湖南黑茶最初出现在西汉，源于长沙马王堆汉墓出土的“一笥茶”——渠江皇家薄片，已有1000多年历史，是安化黑茶的起源。黑茶薄片呈形状不一的扁平薄片状，源于安化县渠江镇，又称为黑茶宗祖薄片。在史料中记载：渠江黑茶薄片，由道家启蒙者、西汉名臣张良所造。相传汉代名臣张良好茶，谢官后，先云游天下，后带领众徒弟在位于雪峰山余脉的安化县渠江镇神吉山张家冲隐居修道，因留恋这里的奇山异水，便定居于神仙屋场。其时，张良看到山下各处瘟疫肆虐，生灵涂炭，十室九空，便用神吉山的茶叶提炼成多种形状的茶片——后称张良薄片，救治乡民。从此渠江茶名声大振，更因薄片方便携带和长时间收藏，百姓皆做此茶。汉代时黑茶薄片成为皇家贡茶，称之为“皇家湘淳”或“皇家薄片”。安化县志和黑茶史料中记载，当时的皇帝以产地赐名，称之为“渠江薄片”。

三、黑茶初加工工艺

黑茶的基本工艺流程是杀青、初揉、渥堆、复揉、烘焙。黑茶主要供边区少数民族饮用，所以又称边销茶。黑毛茶是压制各种紧压茶的主要原料，各种黑茶的紧压茶是藏族、蒙古族和维吾尔族等兄弟民族日常生活的必需品，有“宁可三日无食，不可一日无茶”之说。黑茶因产区和工艺上的差别有湖南黑茶、湖北老青茶、藏茶和滇桂黑茶之分。

（一）杀青

由于黑茶原料比较粗老，为了避免黑茶水分不足杀青不匀透，一般除雨水叶、露水叶和幼嫩芽叶外，都要按10∶1的比例洒水（即10千克鲜叶加1千克清水）。洒水要均匀，以便于黑茶杀青能杀匀杀透。

（1）手工杀青。选用大口径锅（口径80～90厘米），炒锅斜嵌入灶中，呈30°左右的倾斜面，灶高70～100厘米。备好草把和油桐树枝丫制成的三叉状炒茶叉，三叉各长16～24厘米，柄长约50厘米。一般采用高温快炒，锅温280～320℃，每锅投叶量4～5千克。鲜叶下锅后，立即以双手匀翻快炒，至烫手时改用炒茶叉抖炒，称为“亮叉”。当出现水蒸气时，则以右手持叉，左手握草把，将炒叶转滚闷炒，称为“渥叉”。亮叉与渥叉交替进行，历时2分钟左右。待黑茶茶叶软绵且带黏性，色转暗绿，无光泽，青草气消除，香气显出，折粗梗不易断，且均匀一致，即为杀青适度。

（2）机械杀青。当锅温达到杀青要求，即投入鲜叶8～10千克，依鲜叶的老嫩、水分含量的多少，调节锅温进行闷炒或抖炒，待杀青适度即可出机。

（二）初揉

黑茶原料粗老，揉捻要掌握轻压、短时、慢揉的原则。初揉时揉捻机转速以40转/分左右，揉捻时间15分钟左右为好。待黑茶嫩叶成条，粗老叶皱叠时即可。

（三）渥堆

渥堆是形成黑茶色、香、味的关键性工序。黑茶渥堆应有适宜的条件，要在背窗、洁净的地面，避免阳光直射，室温在25℃以上，相对湿度保持在85%左右。初揉后的茶坯，不经解块立即堆积起来，堆高1米左右，上面加盖湿布、蓑衣等物，以保温、保湿。渥堆过程中要进行一次翻堆，以利于渥均匀。堆积24小时左右时，茶坯表面出现水珠，叶色由暗绿变为黄褐，带有酒糟气或酸辣气味，手伸入茶堆感觉发热，茶团黏性变小，一打即散，即为渥堆适度。

（四）复揉

将渥堆适度的黑茶茶坯解块后，上机复揉，压力较初揉稍小，时间一般6～8分钟。下机解块，及时干燥。

（五）烘焙

烘焙是黑茶初制中的最后一道工序。通过烘焙形成黑茶特有的品质，即油黑色和松烟香味。干燥方法采取松柴旺火烘焙，不忌烟味，分层累加湿坯，长时间一次性干燥，与其他茶类不同。

黑茶干燥在七星灶上进行。在灶口处的地面燃烧松柴，松柴采取横架方式，并保持火力均匀，借风力使火温均匀地透入七星孔内，要火温均匀地扩散到灶面焙帘上。当焙帘上温度达到70℃以上时，开始撒上第一层茶坯，厚度2～3厘米，待第一层茶坯烘至六七成干时，再撒第二层，撒叶厚度稍薄，这样一层一层地加到5～7层，总的厚度不超过焙框的高度。待最上面的茶坯达七八成干时，即退火翻焙。翻焙用特制铁叉，将已干的底层翻到上面来，将尚未干的上层翻至下面去。继续升火烘焙，待上、中、下各层茶叶干燥适度，即行下焙。

（六）自然晾置

自然晾置干燥法为传统干燥工艺，黑砖仍采用这种传统工艺。茶叶踩压成包压制成形后，置于阴凉通风之处10～15天时间。千两茶、百两茶等则用日晒夜露49天的干燥工艺，让水分缓慢流失。

四、黑茶的种类

黑茶根据其产区和工艺不同可以分为湖南黑茶、湖北老青茶等。黑茶品种可分为紧压茶、散装茶及花卷三大类。紧压茶为砖茶，主要有茯砖、花砖、黑砖、青砖茶，俗称“四砖”；散装茶主要有天尖、贡尖、生尖，统称为“三尖”；花卷茶有十两、百两、千两等。

湖南是中国最重要的黑茶产区之一，黑茶花色品种繁多，加工制作技术精湛，质量上乘，历史悠久，成品有“三尖”和“三砖”之称。“三砖”指黑砖、花砖和茯砖。“三尖”也叫“湘尖茶”，指天尖、贡尖和生尖。其中，安化茯砖茶是颇具代表性的黑茶。

湖北黑茶又称湖北老青茶，主要产于咸宁、通山、崇阳、通城等县，一般采的茶叶都比较粗老，含有较多的茶梗，后经杀青、揉捻、初晒、复炒、复揉、渥堆、晒干，然后蒸压成砖型，称为“老青砖”。

五、名优黑茶

（一）湖南安化黑茶

安化黑茶历史悠久，历史上横贯欧亚大陆的“丝绸之路”运输的主要商品是丝绸、瓷器、茶叶。安化黑茶通过古丝绸之路源源不断地运往西北边疆，也销往俄罗斯、英国等国家。湖南安化黑茶主要集中在安化生产。湖南黑茶是采割下来的鲜叶经过杀青、初揉、渥堆、复揉、干燥五道工序制作而成。湖南黑茶条索卷折成泥鳅状，色泽油黑，汤色橙黄，叶底黄褐，香味醇厚，具有松烟香。黑毛茶经蒸压装篓后称天尖，蒸压成砖形的是黑砖、花砖或茯砖。湖南安化黑茶是绝产于20世纪50年代的传统工艺商品，被誉为“茶文化的经典，茶叶历史的浓缩，茶中的极品”。

（二）茯砖

陕西茯茶出自陕西咸阳泾阳，距今已有千年历史，兴于宋，盛于明清和民国时期。茯砖茶茶体紧结，色泽黑褐油润，金花茂盛，菌香四溢，茶汤橙红透亮，滋味醇厚悠长，适合高寒地带及高脂饮食地区的人群饮用。特别是对居住在沙漠、戈壁、高原等荒凉地区，主食牛肉、羊肉、奶酪的游牧民族而言，在缺少蔬菜、水果的情况下，茶成为他们的主要维生素来源。因而，在中国西北地区有“一日无茶则滞，三日无茶则痛”“宁可一日无粮，不可一日无茶”之说。茯砖茶压制要经过原料处理、蒸气沤堆、压制定型、发花干燥、成品包装等工序。其压制程序与黑、花两砖基本相同，其不同之处是在砖形的厚度上。因为茯砖特有“发花”工序，一个重要的条件是要求砖体松紧适度，便于微生物的繁殖活动。茯砖与黑、花两砖另一个不同之处，是茶砖从砖模退出后，不直接送进烘房烘干，而是为促使“发花”，先包好商标纸，再送进烘房烘干。烘干的速度不要求快干，整个烘期比黑、花两砖长一倍以上，以求缓慢“发金花”（即产生冠突散囊菌）。茯茶的“金花”一目了然，茯茶金花菌的作用，不是其他茶可以替代的。茯茶中有人体必需的多种氨基酸、维生素和微量元素，所含脂肪分解酵素含量高于其他茶类。

（三）花砖

花砖历史上叫“花卷”，因一卷茶净重合老秤1000两，故又称“千两茶”。过去，花卷的加工方法是用安化高家溪和马家溪的优质黑毛茶做原料，用棍锤筑制在长形筒的篾篓中，筑造成圆柱形，高147厘米，直径20厘米，做工精细，品质优良。1958年，花卷改制成为长方形砖茶，规格为35厘米×18厘米×3.5厘米。正面边有花纹，砖面色泽黑褐，内质香气纯正，滋味浓厚微涩，汤色红黄，叶底老嫩匀称。每片花砖净重2公斤，目前有1公斤、2公斤等几种规格。花砖形状虽然与花卷不同，但内质基本接近，成为黑茶类的新品种，代替了历史上的花茶，受到了销区的赞赏与欢迎。“花砖”名称的由来，一是由卷改砖形，二是砖面四边有花纹，以示与其他砖茶的区别，故名“花砖”。花砖茶的制造工艺与黑砖茶基本相同。压制花砖的原料成分，大部分为三级黑毛茶，加之少量降档的二级黑毛茶，总含梗量不超过 15%。毛茶进厂后，要经筛分、破碎、拼堆等工序，制成合格的半成品，以后进行蒸压、烘焙、包装等，工艺与黑砖茶相同。

（四）青砖茶

青砖茶是黑茶中的一种，也称湖北黑茶，具有其他普通黑茶和普洱茶所没有的自然茶香。湖北省赤壁市羊楼洞是青砖茶的原产地，已有 200 多年的生产历史。羊楼洞商人雷中万于清乾隆元年（1736 年）开办“羊楼洞茶庄”，后又将“羊楼洞茶庄”更名为“洞庄茶号”。茶号设在羊楼古镇庙场街中段，厂房设在观音泉下 60 米处，以羊楼洞茶为原料，引观音泉水制作。因观音菩萨座驾为莲花，故所产砖茶“以莲花为案，以洞庄二字为识”，有“砖茶之源，百年洞庄”之说。它以老青茶为原料，经多道工序制作后压制成长方砖形。色泽青褐，香气纯正，滋味尚浓无青气，水色红黄尚明，叶底暗黑粗老。青砖茶的用料分洒面、二面和里茶三个部分。其中洒面、二面为面层部分，色泽为棕色，茶汁味浓可口，香气独特，回甘隽永。洒面、二面之间即为里茶，色泽青褐，香气纯正，汤色红黄，滋味香浓。饮用青砖茶，除生津解渴外，还具有清新提神、帮助消化、杀菌止泻、降低三高（高血糖、高血脂、高血压）等功效，是我国西北地区人民的日用消费品，同时外销至蒙古、格鲁吉亚、俄罗斯、英国等国家。

（五）四川边茶

四川边茶分南路边茶和西路边茶两类，四川雅安市、天全县、荥经县等地生产的南路边茶，过去分为毛尖、芽细、康砖、金玉、金仓五个花色，简化为康砖、金尖两个花色，主销西藏，也销青海和四川甘孜藏族自治州。南路边茶制法是将用割刀采割来的枝叶杀青后，经过多次的扎堆、蒸、馏后晒干。南路边茶（藏茶）为黑茶品种，制法最复杂，经过 32 多道工序制成。四川灌县、崇庆、大邑等地生产的西路边茶，蒸后压装入篾包制成方包茶或圆包茶，主销四川阿坝藏族自治州及青海、甘肃、新疆等省区。西路边茶制法简单，将采割来的枝叶直接晒干即可。

（六）广西梧州六堡茶

广西黑茶最著名的是梧州六堡茶，因产于广西梧州市苍梧县六堡乡而得名，已有上千年的生产历史。除苍梧县外，贺州、横县、岑溪、玉林、昭平、临桂、兴安等县也有一定数量的生产。六堡茶制造工艺流程是杀青、揉捻、沤堆、复揉、干燥，制成毛茶后再加工时仍需潮水沤堆，蒸压装篓，堆放陈化，最后使六堡茶汤味形成红、浓、醇、陈的特点。梧州六堡茶是特种黑茶，品质独特，香味以陈为贵，在我国港澳地区、东南亚和日本等地有广泛的市场。

实践操作

品鉴黑茶

（一）三看

一看干茶的外观形状，在观赏金花茯砖时可借助专用放大镜。

二看茶汤的色泽，可借鉴法国鉴赏红酒的方法，把装着黑茶茶汤的玻璃杯，对着光内倾 45°，仔细欣赏黑茶茶汤晶亮红艳的美妙汤色。

三看叶底的整碎度、柔韧度和色泽。

（二）三闻

一闻茶香的纯度，看是否夹杂有异味。

二闻黑茶特有的本香，要注意引导客人去体验开汤后开阔上扬的茶香、温柔纯和的陈香或迷人的菌花香。

三闻香气的持久性。闻茶香，可借助瓷质公道杯。瓷质内壁易挂香，公道杯肚大口小，聚香饱满，这样可更细腻地感悟到黑茶那妙不可言的茶香。

（三）三品

一品黑茶入口之初独特的刺激感。

二品黑茶甜而不腻的醇和感。

三品优质黑茶在四泡之后显露出的柔和之气。黑茶经久耐泡，泡时愈久，品质愈佳，风味更醇。长期饮用，消食、暖胃、减肥、降脂效果显著。

（四）三回味

舌本回味甘甜，满口生津；口腔回味甘醇，齿颊留香；喉底回味甘爽，心旷神怡。

实训安排

实训项目	品鉴黑茶
实训要求	（1）能够熟练掌握黑茶的分类 （2）能够熟练掌握名优黑茶的品质特征 （3）了解黑茶的加工工艺
实训时间	90 分钟
实训场所与工具	（1）可以进行茶叶鉴别的茶艺实训室 （2）多媒体教室、黑茶 （3）茶荷、随手泡、盖碗、玻璃杯、滤网、公道杯、茶叶罐、白瓷碗、汤匙
实训方法	示范讲解、情境模拟、分组品鉴、小组讨论

实训步骤及要求：

（1）教师展示并讲解黑茶的基本特征。

（2）学生分组鉴赏茶叶。

（3）教师示范讲解茶叶鉴赏的基本知识。

（4）学生分组进行茶叶鉴赏。

（5）学生完成实训报告。

实训报告单

实训项目　　　　　　班级　　　　组别　　　　姓名　　　　学号

序号	茶叶名称	项目					
		外形	干茶色泽	香气	茶汤色泽	滋味	所属茶类
1	湖南安化黑茶						
2	茯砖						
3	花砖						
4	四川边茶						
5	青砖茶						
6	广西梧州六堡茶						

任务总结

渥堆是制作黑茶最为重要、也是最为关键的步骤，它奠定了黑茶特有的品质特点。作为中国特有的茶类，近年来，由于其保健养生功效日益受到人们的重视，黑茶的影响力也逐渐增强。品鉴黑茶可以按照“三看、三闻、三品、三回味”的方法，最大程度上体会黑茶特有的色、香、味、形，进一步了解其独特功效。

任务 8　认识普洱茶

知识目标

熟悉普洱茶的初加工工艺

掌握普洱茶的种类

掌握名优普洱茶的品质特点

实训目标

掌握普洱茶的品鉴方法

区分普洱熟茶和普洱生茶的品质差异

任务导入

普洱茶属于哪一类茶？这一直是争论不休的问题。普洱熟茶因采用后发酵的工艺，毫无疑问可归为黑茶类。刚做好的生茶或者说生毛茶，则要归为绿茶类。但是存放了几年的生茶呢？既不是绿茶，也不是黑茶，那到底是什么茶类？一种说法是，因为它不同于绿茶与黑茶，就单独划分一类就叫普洱茶；一种说法是，它是从绿毛茶到熟茶的一个过渡体，最终还是要熟化成黑茶的，所以生茶只能归为半成品茶，但是半成品也是可以喝、有独特的品质特征的。

知识准备

一、普洱茶简介

普洱茶是云南特有的标志性产品，是以地理标志保护范围内的云南大叶种晒青茶为原料，并在地理标志保护范围内采用特定的加工工艺制成的、具有独特品质的茶叶。

普洱茶是一种加工方式非常独特的茶叶种类，包括直接再加工为成品的生普和经过人工速成发酵后再加工而成的熟普。由于普洱茶自然发酵的时间较长，少则三五年，多达几十年，不能满足人们的需要，20 世纪 70 年代出现了人工速成发酵的加工技术，通常称之“渥堆”技术。在型制上又分散茶和紧压茶两类，紧压茶又分为砖茶、饼茶、沱茶；成品制成后都会持续进行自然陈化过程，具有越陈越香的独特品质，具有降血脂、减肥、暖胃等功效。

在清朝，普洱茶达到第一个鼎盛时期。清末民初，是普洱茶价格最高的时期，当时的普洱茶价格是银子（或金子）的两倍。普洱茶名扬天下，西双版纳则被公认为是最重要的优质普洱茶原料产地。普洱茶六大古茶山——攸乐、革登、倚邦、莽枝、蛮砖、曼撒，全部位于西双版纳。新六大茶山——南糯、南峤、勐宋、景迈、布朗、巴达，其中五座位于勐海县境内。西双版纳勐海茶区也由此成为近现代普洱茶的核心产区。

二、普洱茶的发源

云南是世界茶树发源地之一，全国乃至全世界各种各样茶叶的根源大多在云南的普洱茶产区。普洱茶历史非常悠久，早在三千多年前武王伐纣时期，云南种茶先民濮人就已经献茶给周武王，只不过那时还没有普洱茶这个名称。普洱府在元朝时叫“步日部”，后来写成汉字，就成了“普耳”，云南产的茶叶被称为“普茶”，直到明朝末年，才改叫普洱茶。据考证，银生城的茶应该是云南大叶茶种，也就是普洱茶种。所以银生城产的茶叶，应该是普洱茶的祖宗。宋朝李石在《续博物志》一书中记载：“茶出银生诸山，采无时，杂菽姜烹而饮之。”清朝阮福在《普洱茶记》中说：“普洱古属银生府。则西蕃之用普洱，已自唐时。”

从茶文化历史看，茶兴于唐朝而盛于宋朝。中国茶叶的兴盛，除了中华民族以饮茶为风尚外，更重要的是因为“茶马市场”以茶叶易换“西蕃”之马，开拓了对西域商业往来的繁荣景象。

明朝万历年间（1573～1620年），谢肇在《滇略》中记载："士庶用，皆普茶也，蒸而成团"，这是"普茶"一词首次见诸文字。明朝，茶马市场在云南兴起，来往穿梭于云南与西藏之间的马帮如织。在茶道的沿途上，聚集而形成许多城市。以普耳（清朝时改为普洱府）为中心点，形成了茶马大道极频繁的东西交通往来，进行着庞大的茶马交易。蜂拥的驮马商旅，将云南地区编织为最亮丽光彩的历史画面。清朝时普洱茶脱胎换骨，不但广受海内外人们的喜爱，更成为备受宫廷宠爱的贡茶，经历了最光彩而鼎盛的时代。

三、普洱茶初加工工艺

（一）普洱生茶的加工步骤

采摘—萎凋—杀青—揉捻—晒干—蒸压—干燥。

（1）采摘：手工采摘一芽二叶为上。

（2）萎凋：摊凉于无直射阳光、通风干燥处散失水分，置于竹篾上方。时间视鲜叶含水量及当时气温、湿度而定。

（3）杀青：去除青草味，蒸发一部分水分，炒制后利于揉捻成形。

（4）揉捻：有机器揉捻及手工揉捻，目的是让茶叶细胞壁破碎，使茶汁在冲泡时易溶于茶汤，提高浸出率；使茶叶成条。

（5）晒干：把揉捻好的茶叶在太阳光下自然晒干，最大限度地保留茶叶中的有机质和活性物质。晒青易于保留茶叶的本质原味。

（6）蒸压：把晒干的茶叶用蒸汽蒸湿，放在不同模具里压成形。提取香味，使茶叶中的果胶溢出表皮，利于压制成形和形成有别于散茶的独特香味。

（7）干燥：把含水量控制到能安全储藏的含水量以下，一般普洱茶要求含水量在10%以下。

（二）普洱熟茶的加工步骤

生茶毛茶—湿水—渥堆发酵—出堆—解块—干燥—分级—蒸压（类似生茶蒸制过程）—干燥摊凉。渥堆发酵是将湿水后的茶叶按一定厚度堆积在一起，在微生物作用、湿热作用和氧化作用的共同作用下，形成普洱茶特有的风味、品质。

四、普洱茶的种类

（一）按压制形状分类

（1）饼茶：扁平圆盘状，其中七子饼每块净重357克，即旧时的计量单位七两。每七块为一筒，加上外包装用的笋皮刚好2.5千克，也表示多子多孙的意思，故名七子饼。

（2）沱茶：形状跟饭碗一般大小，每块净重100克、250克，迷你小沱茶每块净重2～5克。

（3）砖茶：长方形或正方形，250～1000克居多，制成这种形状主要是为了便于运送。

（4）金瓜贡茶：压制成大小不等的半瓜形，从100克到数百斤均有。

（5）香菇紧茶：压制成香菇状的普洱茶，重量约为250克。

（6）柱茶：压制成长柱状的普洱茶，再用竹片或笋壳包扎在外面，重量小至100克，大至1000克以上。

（7）千两茶。压制成大小不等的紧压条型，每条茶条重量都比较重（最小的条茶都有100斤左右），故名千两茶。

（8）散普洱茶。制茶过程中未经过紧压成型，茶叶状为散条形的普洱茶为散茶，分为用整张茶叶制成的条索粗壮肥大的叶片茶，也有用芽尖部分制成的细小条状的芽尖茶。

（9）小金沱：圆形的沱茶，重量2克，便于携带，是世界上重量最小的普洱茶。

（10）老茶头：老茶头，也叫自然沱，是晒青毛茶中比较肥嫩的芽叶，由于嫩度高，果胶含量高，在熟茶的渥堆发酵过程中，自然卷曲或纠结成块，形成了茶头。陈年茶头紧结，发酵充分，非常耐泡，为熟茶中的精华，口感、汤色极佳。

（二）按发酵工艺分类

（1）生茶。普洱生茶是以在普洱茶产地环境条件下生长的云南大叶种茶树鲜叶为原料，经杀青、揉捻、日光干燥、蒸压成型等工艺制成的茶，包括散茶及紧压茶。新鲜的茶叶采摘后以自然的方式陈放，未经过渥堆发酵处理。生茶茶性较烈，刺激。新制或陈放不久的生茶有强烈的苦味，汤色较浅或黄绿，适合饮用。长久储藏，生普洱叶子的颜色会随时间渐渐变深，香味越来越醇厚。

（2）熟茶。普洱熟茶是以在普洱茶产地环境条件下生长的云南大叶种晒青茶为原料，采用渥堆工艺，经后发酵（人为加水提温促进细菌繁殖，加速茶叶熟化，去除生茶苦涩以达到入口纯和、汤色红浓之独特品性）加工形成的散茶和紧压茶。其品质特征为：汤色红浓明亮，香气独特陈香，滋味醇厚回甘，叶底红褐均匀。普洱熟茶具有温和的茶性，更适合日常饮用。质量上乘的熟普，是值得珍藏的，熟普的香味也会随着陈化的时间而变得越来越柔顺、浓郁。熟茶的历史以1973年为分界点，1973年之前没有熟茶。

（三）按规格分类

初制毛茶分为春、夏、秋三个规格。春茶又分春尖、春中、春尾三个等级；夏茶又称二水；秋茶称为谷花茶。普洱茶中以春尖和谷花品质最佳。以其鲜叶为原料，经特殊工艺制作而成的普洱茶，香味浓郁，耐泡，汤黄明亮，香气清幽，滋味醇厚。

（四）按存放方式分类

（1）干仓普洱。存放于通风、干燥及清洁的仓库中，使茶叶自然发酵，陈化10～20年为佳。

（2）湿仓普洱。通常放置于较潮湿的地方，如地下室、地窖，以加快其发酵速度。由于茶叶内含物破坏较多，常有泥味或霉味。湿仓普洱陈化速度虽较干仓普洱快，但容易产生霉变，对人体健康不利，所以我们不主张销售及饮用湿仓普洱。

（五）按等级分类

普洱茶可按高、中、低档分等级。采摘茶叶时，叶和芽同时采，一般从茶树枝条的尖往下采摘到第三叶：一叶一芽的采一芽，二叶一芽的采一叶一芽，三叶一芽的采二叶一芽。分级时，级别高的芽多，级别低的叶多、梗多。

（1）高档茶：金瓜贡茶、宫廷茶、礼茶、特级茶。

（2）中档茶：一级、三级砖茶，沱茶，一级到五级散茶。

（3）低档茶：七到十级的散茶。

（六）按原料分类

普洱茶制作选用的原料不同其品质也不同，价格更加悬殊。其制茶原料分为人工种植型原料、原生态乔木大树型原料。

（1）人工种植型原料。人工种植型茶，茶农称“台地茶”，是从人工栽培的梯地茶园里采取茶青原料，经加工制成的普洱茶。台地茶发芽期长而荫芽周期短，茶质没有适当的积累期，芽叶外表肥壮而质薄，且茶树没有合理的休养期，对茶树的生长和来年的茶质都有较大影响。台地茶由于养分不足，内质较差，只能依靠拼配提升滋味，加之耕种施肥行为，只能体现出清香，所以“台地茶”普遍价格低廉。

（2）原生态乔木大树型原料。原生态乔木大树型原料，又称“古树茶”纯料。一般300 年以上才可称为“古树茶”，且都生长在深山老林中。普洱茶树经过时间的沉淀，其内质的表现力不同。古树茶获取土壤深层的矿物质成分，能以内质丰富的最佳状态将各山头的独特性体现出来。此类原料制成的普洱茶为“饮茶发烧友”所追捧，较人工种植型原料高产。古树茶原料有限，市面上价格较高，但其独特内质更能体现普洱茶的茶文化。

五、名优普洱茶

（一）福村梅记

中国普洱茶十大品牌之一福村梅记是上榜品牌中最年轻的品牌，也是最有潜力的一个品牌，目前已享有普洱茶网购第一品牌的美称。福村梅记以为大众提供高品质、高水准、高性价比的普洱茶为宗旨，为广大茶友提供最方便快捷的线上服务，让茶友足不出户就能享受醇正普洱茶的陈香。

（二）大益普洱茶

大益普洱茶是普洱茶的标杆和经典代表，在近 30 年的历史中，大益品牌为企业赢得众多荣誉和奖项，拥有众多忠实茶友。其中大益 7572 被誉为评判普洱熟茶的标杆，大益 7542 被誉为评判普洱生茶的标杆。

（三）龙生普洱茶

龙生普洱茶是中国普洱茶十大品牌之一。“龙生”商标被认定为“云南省著名商标”，旗下普洱茶也深受普洱茶友的喜爱，其中龙生宫廷普洱在第六届中国普洱茶节质量评比中荣获“普洱茶王”称号。

（四）八角亭普洱茶

“八角亭”牌普洱茶被认定为中国普洱茶十大知名品牌，是昆交会唯一指定用茶，在资深茶友中也极负盛名，以选料上乘、做工精细闻名遐迩。“八角亭”商标则被评为云南省著名商标。

（五）中茶普洱茶

“中茶”牌商标注册于1951年，是中国茶行业第一个具有影响力的茶叶品牌。中国茶叶股份有限公司出品的“中茶”普洱茶茶韵陈香，款款精品，其中以“中茶第一饼”“大叶青饼”“易武圆茶”等最受消费者赞誉。

（六）下关沱茶

下关沱茶产于云南最大的紧压茶加工中心和茶叶集散地——大理市。云南下关沱茶（集团）股份有限公司是国家民委、国家经贸委等七部委指定的边销茶定点生产企业，旗下沱茶外形精巧，品质醇正，是沱茶中的代表佳作。

（七）郎河普洱茶

郎河普洱茶产于云南省勐海县，是普洱茶十大品牌之一。茶厂借鉴广东等地经验，充分发挥勐海本地独特的制茶工艺和发酵技术，精选勐海茶区上乘原料，成功地塑造了“郎河”系列优质品牌。郎河普洱茶一直以优质的品质、合理的价格、丰富的产品打动消费者。

（八）福海普洱茶

福海茶厂生产的福海普洱茶汤色红润透亮、香气纯正自然、口感温厚醇和、条索明快秀直。福海的工艺、福海的产品使得众多的普洱茶爱好者能够品到真正普洱茶特有的味道。

（九）龙园号普洱茶

龙园号普洱茶在市场上深受广大消费者喜爱和业界推崇，近几年来还为云南省政府等各级政府和单位制定了一批有较大影响的纪念茶。其营销网点遍及全国各地，产品远销中国香港、中国台湾及东南亚、欧美等国内、国际市场。

（十）老同志普洱茶

老同志普洱茶是云南省名牌战略推进委员会评选出的云南名牌产品之一。老同志普洱茶自打入市场以来，产品质量稳定，市场占有率不断扩大，并连续3年被中国食品安全年会选为指定礼品茶，多次获得普洱茶行业评比“金奖”“银奖”“茶王”等殊荣。

实践操作

品鉴普洱茶

一般而言，优质普洱茶在七个方面都有突出的特征，即：质、形、色、香、味、气、韵七品俱佳。

（一）质佳

原料好，这是优质茶类的第一基本要素。优质普洱茶的原料首先必须是云南大叶种茶，其次最好是产自传统普洱茶产区（即云南的普洱市、西双版纳傣族自治州、临沧市）。我们提倡的好茶原则是原产地的原材料在原地加工。原料有古树茶、台地茶、春茶、秋茶之分，而各产地由于气候、土壤、植被等不同，又各有特色，如西双版纳的易武、勐海县的布朗山、澜沧县的景迈山等所产的茶，应该都是普洱茶中之极品，但各自的特点却很鲜明。

（二）形佳

形佳首先看茶叶的条形是否完整，是否紧结和清晰；叶老或嫩，老叶较大，嫩叶较细；嗅干茶气味兼看干茶色泽和净度，无异味、杂味，色泽棕褐或褐红（猪肝色），具油润光泽，褐中泛红（俗称红熟），条索肥壮，断碎茶少。质次的则稍有陈香或只有陈气，甚至带酸馊味或其他杂味，条索细紧不完整，色泽黑褐、枯暗无光泽。生普的外形匀称，条索紧结，色泽呈青棕或棕褐、油光润泽，用手轻敲茶饼，声音清脆利索。熟普的外形匀称，条索紧结、清晰，色泽褐红、油光润泽。

（三）色佳

观察茶汤主要看汤色的深浅、明亮，优质的云南普洱散茶，泡出的茶汤红浓明亮，具“金圈”，汤上面看起来有油珠形的膜，优质的普洱熟茶叶底呈现褐红色。质次的，茶汤红而不浓，欠明亮，往往还会有尘埃状物质悬浮其中，有的甚至发黑、发乌，俗称“酱油汤”。优质的生普，色泽橙黄、清亮透明，仿佛被一层油膜包裹，久泡其色不变。

（四）香佳

主要采取热嗅和冷嗅品茶香，其方法与普洱散茶相同。优质的云南普洱散茶的干茶陈香显露（有的会含有菌子干香、中药香、干桂圆香、干霉香、樟香等），热嗅香气显著浓郁，且纯正，冷嗅香气悠长，有一种很甜爽的味道。质次的则香气低，有的夹杂酸、馊味、铁锈水味或其他杂味，也有的是“臭霉味”“腐败味”。

（五）味佳

主要是从滑口感、回甘感和润喉感来感觉茶味。优质的普洱茶滋味浓醇、滑口、润喉、回甘，舌根生津。

（六）气佳

茶气足、厚、正。

（七）韵佳

从滑口感、回甘感和润喉感来感觉茶韵，最显著的感觉就是喉韵。优质的普洱茶滋味浓醇、滑口、润喉、回甘，舌根生津；质次的则滋味平淡，不滑口，不回甘，舌根两侧感觉不适，甚至产生“涩麻”感。

实训安排

实训项目	品鉴普洱茶
实训要求	（1）能够熟练掌握普洱茶的分类 （2）能够熟练掌握普洱茶的品质特征 （3）了解普洱茶的加工工艺
实训时间	90 分钟
实训场所与工具	（1）可以进行茶叶鉴别的茶艺实训室 （2）多媒体教室、普洱茶的代表茶叶 （3）茶荷、随手泡、盖碗、玻璃杯、滤网、公道杯、茶叶罐、白瓷碗、汤匙
实训方法	示范讲解、情境模拟、分组品鉴、小组讨论

实训步骤及要求：

（1）教师展示并讲解普洱茶的基本特征。

（2）学生分组鉴赏茶叶。

（3）教师示范讲解茶叶鉴赏的基本知识。

（4）学生分组进行茶叶鉴赏。

（5）学生完成实训报告。

实训报告单

实训项目　　　　班级　　　　组别　　　　姓名　　　　学号

序号	茶叶名称	项目					
		外形	干茶色泽	香气	茶汤色泽	滋味	所属茶类
1	大益普洱生茶						
2	大益普洱熟茶						
3	古树茶						

任务总结

普洱茶以发酵方式的不同可以分为熟普和生普两大类。生普，是指传统自然醇化的普洱茶；熟普，是指毛茶经过渥堆工序，通过湿热作用以人工式速成发酵形式生产的普洱茶。两者不仅外形有所区别，口感上也有较大差异。一般而言，优质普洱茶具备质佳、形佳、色佳、香佳、味佳、气佳和韵佳的特征，因此在品鉴普洱茶时应着重从质、形、色、香、味、气、韵这七个方面去鉴别。

任务9 认 识 花 茶

知识目标

熟悉花茶的初加工工艺

掌握花茶的种类

掌握名优茉莉花茶的品质特点

实训目标

掌握茉莉花茶的品鉴方法

区分各种名优茉莉花茶品质的差异

任务导入

福州是世界茉莉花茶原产地，曾经借由海路和陆路走向世界的茉莉花茶，是古代丝绸之路的重要商品，如今借力“一带一路”合作倡议再度飘香。那么花茶是怎样加工的？又有哪些著名的花茶呢？

知识准备

一、花茶简介

花茶是中国特有的一类再加工茶，利用茶善于吸收异味的特点，将有香味的鲜花和新茶一起闷，茶将香味吸收后再把干花筛除，制成的花茶香味浓郁，茶汤色深。花茶主要以绿茶、红茶或者乌龙茶作为茶坯，配以能够吐香的鲜花作为原料，采用窨制工艺制作而成。根据其所用的香花品种不同，分为茉莉花茶、玉兰花茶、桂花花茶、珠兰花茶等，其中以茉莉花茶产量最大。

二、花茶的发源

（一）源于宋朝

中国在宋朝（960 年前后）就有在上等绿茶中加入龙脑香（一种香料）作为贡品的做法，这说明在宋朝已能利用香料熏茶。到宋朝后期，有恐影响茶之真味，不主张用香料熏茶的。蔡襄《茶录》中云：“茶有真香，而入贡者微以龙脑和膏，欲助其香，建安民间试茶皆不入香，恐夺其真，若烹点之际又杂珍果香草，其夺益甚，正当不用。”但是这已是中国花茶窨制的先声，也是中国花茶的起源。

（二）始于明朝

明朝是中国茶叶大发展时期，已废团茶为散茶，大量生产炒青、烘青、晒青绿茶，为花茶生产奠定了基础。同时花茶窨制方法也有很大的发展，出现“茶引花香，以益茶味”的制法。明朝顾元庆的《茶谱》中对花茶窨制技术记载比较详细：“木樨、茉莉、玫瑰、蔷薇、兰蕙、橘花、栀子、木香、梅花皆可作茶。诸花开时，摘其半含半放，蕊之香气全者，量其茶叶多少，摘花为茶。花多则太香，而脱茶韵；花少则不香，而不尽美。三停茶叶一停花始称。假如木樨花，须去其枝蒂及尘垢、虫蚁，用磁罐一层茶一层花投间至满，纸箬縶固，入锅重汤煮之，取出待冷，用纸封裹，置火上焙干收用。”“莲花茶，于日未出时，将半含莲花拨开，放细茶一撮，纳满蕊中，以麻皮略縶，令其经宿，次早摘花，倾出茶叶，用建纸包茶焙干，再如前法。又将茶叶入别蕊中，如此数次。取其焙干收用，不胜香美。”这些记载可以看出对花茶的窨法，原料选择、取花量、窨次、焙干等原始的窨茶法，开始逐渐走向成熟，与现行的工艺原理是相通的，这时的花茶才称得上是真正的花茶，但其量是不可多得的。伟大的药物学家李时珍的《本草纲目》一书中就有“茉莉可熏茶”的记载，证实了茉莉花茶明朝就有生产。

（三）成于清朝

据史料记载，清咸丰年间（1851～1861年），福州已有大规模茶作坊进行商品茉莉花茶生产。当时福州的窨制茉莉花茶运销华北，特别是津、京地区，走海路由福州运至天津，转口北京，深受北京市民的喜爱。因此说福州是中国茉莉花茶的发祥地。有了商品就有了市场，有市场就有买卖，这时北京涌现出不少茶庄，“京味”指的就是福建茉莉花茶特有的韵味。

三、花茶初加工工艺

（一）窨制方法

窨制原理：花茶窨制过程主要是鲜花吐香和茶胚吸香的过程。茉莉鲜花的吐香是生物化学变化，成熟的茉莉花在酶、温度、水分、氧气等作用下，分解出芳香物质，随着生理变化、花的开放，而不断地吐出香气来。茶胚吸香是在物理吸附作用下，吸香同时也吸收大量水分，由于水的渗透作用，产生了化学吸附，在湿热作用下，发生了复杂的化学变化，茶汤从绿逐渐变黄亮，滋味由淡涩转为浓醇，形成特有的花茶的香、色、味。

窨制程序：花茶的窨制传统工艺程序包括茶胚、花拼和堆窨，通花，收堆，起花，烘焙，冷却，转窨或提花，匀堆，装箱。

（二）茶胚处理

窨制花茶的茶胚，是用绿毛茶经过精制按照花茶茶胚级型标准样品拼配而成。

（1）干燥。窨制花茶的茶胚一般要经过干燥处理。其目的：高档茶胚在于散发水闷气、陈味；中低档茶胚在于降低粗老味、陈味等，显露出正常绿茶香味，有利于花茶的鲜纯度提高。烘干机温度一般不宜太高，高档茶胚在100～110℃，中低档茶胚可在110～120℃。传统工艺要求烘后茶胚水分在4%～4.5%，不能用高火烘，容易产生火焦味，影响花茶品质。

（2）冷却。茶胚复火后一般堆温较高，在60～80℃，必须通过摊凉、冷却，待茶叶堆温稍高于室温1～3℃时才能付窨，若堆温太高进行窨制，会影响茉莉花生机和吐香，降低花茶品质，茶胚温度越低越好，这样窨制拼和后，使堆温上升慢些，相对延长 32～37℃的堆温时间，有利于鲜花吐香和茶胚吸香，提高花茶质量。

（三）鲜花养护

茉莉花具有晚间开放吐香的习性，鲜花一般在当天下午 2 时以后采摘，花蕾大、产量高、质量好。采收后，装运时不要紧压，用通气的箩筐装花为好，切忌用塑料袋装，容易挤压，不通气，易造成“火烧花”。

（1）摊凉。鲜花进场适应及时验收过磅，按级分堆、摊凉。目的是：鲜花在运送过程中由于装压、呼吸作用产生热量，不易散发，使花温升高，一般在 38℃以上，高的超过 40℃，不利于鲜花的生理活动，必须迅速摊凉，使其散热降温，恢复生机，促进其开放吐香。摊凉场地必须通风干净，摊凉时花堆要薄，一般在 10 厘米以下。气温高时，可用轻型风扇吹风；雨水花更要薄摊、吹风，蒸发花表面水分，待表面水分干后，才能堆积养护。

（2）鲜花养护。养护的目的在于控制花堆中的温度，使鲜花生机旺盛，促进开放吐香。鲜花开放适宜温度在 32～37℃，因此，气温低于 30℃时，必须把花堆高催温，鲜花呼吸作用放出二氧化碳，产生热，使花堆温度升高，当堆温达 38℃以上时，就要把花堆扒开，摊薄降温，增加氧气，促进鲜花开放。气温高时要薄摊、翻动、通气，防止堆温过高而使鲜花变质，一般堆高 15～20 厘米。春、秋季节，由于气温低，一般堆高 30～40 厘米，有时还用布盖住，保持堆温，促进鲜花开放。

（3）筛花。鲜花开放率在 60%左右时，即可筛花，筛花的目的是分花大小，剔除青蕾花蒂，并通过机械振动，促进鲜花开放吐香。鲜花筛后应按预定的各批配花量过磅分号堆放，若开放度不够应继续养护。鲜花使用：一号花用于提花、转窨和高级茶头窨；二号花用于头窨。若有一、二号花用于同批茶时，则先用一号，后用二号，不得混用，要分开窨。

（4）玉兰打底。其目的在于用鲜玉兰“调香”，提高茉莉花茶香味的浓度，衬托花香的鲜灵度。打底掌握适度，能提高花茶质量。

打底方法：在窨制茉莉花茶，茶、花拼和前先用玉兰鲜花（一般用 1%，即 100 千克茶用玉兰鲜花 1 千克）于茶胚先拼和进行“打底”；有的在窨茉莉花时，同时拼入玉兰鲜花，但用量不宜过多，多了容易引起“透兰”；有的在提花时再用少量玉兰鲜花与茉莉花拼和在一起进行提花（用量 0.3%～0.5%）。

（四）窨花拼和

窨花拼和是整个茉莉花茶窨制过程的重点工序。其目的是通过将鲜花和茶拌和在一起，让鲜花的香气直接被茶叶所吸收。窨花拼和要掌握好六个因素：配花量、花开放度、温度、水分、厚度、时间。

（五）手工窨制

先把茶胚总量的 1/5～1/3，平摊在干净的窨花场地上，厚度为 10～15 厘米，然后将茶、花配比用量的鲜花，同样分出 1/5～1/3 均匀地撒铺在茶胚面上，这样一层茶，一层花相间铺 3～5 层，再用铁耙从横断面由上至下扒开拌和，边拌边按箱窨、屯窨、块窨方法进行“窨花”。

茶、花拼和后，投放在木箱中（木箱规格 46 厘米×43 厘米×43 厘米，即二号标准茶箱）窨花叫箱窨，适用于量少的窨花或特种花茶。每箱窨茶量约 5 公斤，厚度 20～30 厘米。箱平放排列或交叉叠放，以利于空气流通。用高 40～60 厘米的竹廉围成圆圈，把茶、花拼和后堆放在圆圈内窨花叫囤窨，适用于中批量生产，囤直径 150～200 厘米，每囤窨茶量 200～300 公斤。把茶、花拼和后直接堆放在地上成块状窨花叫块窨或堆窨，适用于大批量生产，堆成长方形，宽 1～1.2 米，长根据场地和窨量而定，每堆 600～1000 公斤。堆窨省工、迅速、方便，花茶窨制通常是采用堆窨。

此外，在窨品的堆面都要以本批的茶胚薄薄地散布一层，厚度约 1 厘米，使鲜花不外露，以减少花香散失，这一操作称为“盖面”。

在自然条件和正常温度（32～37℃）下茉莉花吐香持续时间一般可达 24 小时。鲜花和茶叶拼和窨制时，由于花在茶中被压，正常呼吸作用受到一定阻碍，鲜花生机缩短，吐香持续时间一般在 12 小时左右。茉莉花开始吐香以后 5 小时内为吐香旺盛期，此时，呼吸作用强度大，干物质损耗也多，芳香油的挥发也猛烈，所以吐香浓烈时，花和茶一定要及时拼和窨制，以免香气大量散失。因此，掌握好茉莉花开放度，迅速地拼和窨制，让茶胚充分吸收花香是整个窨制工艺技术的关键。

（六）通花散热

通花散热的目的：一是散热降温；二是通气给氧，促进鲜花恢复生机，继续吐香；三是散发堆中的二氧化碳和其他气体。通花是根据在窨品的堆温、水分和香花的生机状态来掌握的，从窨花到通花时间头窨 5～6 小时，逐窨次缩短半小时。堆温下降达到要求即可收堆。通花散热就是把在窨的茶堆扒开摊凉，从堆高 30～40 厘米，扒开摊薄到堆高 10 厘米左右，每隔 15 分钟，再翻拌一次，让茶堆充分散热，1 小时左右堆温达到要求时，就收堆复窨，堆高约 30 厘米，再经 5～6 小时，茶堆温度又上升到 40℃左右，花已成萎凋状，色泽由白转微黄，嗅不到鲜香，即可起花。

（七）起花

在窨时间达 10～12 小时，花将失去生机，茶胚吸收水分和香气到达一定状态时，必须立即进行起花。用起花机把茶和花分开，即叫起花。起花顺序是“多窨次先起，低窨次后起，同窨次先高级茶，后低级茶”。如不能及时起花，花渣会在水热作用下变黄熟，呈现闷黄味、酒精味，影响花茶质量。若当天窨制数量多，在短时间内来不及起花，必须将花堆扒开散热。

根据在窨品的堆温，适时起花。头窨 41℃，二窨 40℃，逐窨次下降，提花 38℃，堆温达到要求时，若时间还未到，必须进行第二次通花或翻堆散热。根据在窨品水分，适时起花：头窨 17%～18%，二窨 13%～14%，三窨 11%～12%，提花 8.5%。

起花操作：操作要迅速，起花后做到茶叶中无花蒂、花叶；花渣中无茶叶。停机后，筛网必须清洁干净，起花后的湿茶要薄摊散热，防止产生水闷味。

（八）烘焙

烘焙目的在于去除多余水分，保持适当的水分含量，适应下一工序：转窨、提花或装箱。在窨品烘焙，要求快速，最大限度防止花香散失，主要靠正确掌握烘干热风的温度和烘后茶叶水分含量。烘后茶叶必须充分摊凉，有的利用长时间输送，有的用摊凉机进行，但禁用强风吹，以免造成香气不必要的散失，摊凉后的茶叶温度越低越好，最高不得超过40℃。

（九）压花

压花是利用起花后的花渣再窨一次低档茶叶，目的在于充分利用花渣的余香，来压低低档茶的粗老味，增加花香。

（1）压花要做到及时迅速，做到边起花边压花。

（2）提花的花渣仍洁白，香气纯正，吐香能力尚强，可压中档茶叶，其余正常花渣供低档茶压花，但腐熟变黄、臭的花渣不能用来压花。

（3）花渣用量：100 公斤茶叶一般用 40～50 公斤花渣，压一次可抵 5 公斤的鲜花配花量。

（4）压花时间：掌握在 4～5 小时，不宜过长，太长造成宿闷味、发酵味和其他异味，应及时起掉花渣，茶也必须及时烘焙。

（十）提花

提花目的在于提高花茶的鲜灵度，操作同窨花。提花用朵大、洁白、香气浓烈的一号花，雨水花不能用。茶、花拌和后堆窨，由于用花量少（一般 100 公斤茶叶用 6～10 公斤花）、窨花时间短（堆窨时间 6～8 小时）、堆温不高，不必进行通风。

四、花茶的种类

花茶在制作过程中根据所用的花不同，可以分为茉莉花茶、桂花茶、珠兰花茶、玳玳花茶、玫瑰花茶等，其中茉莉花茶最多。茉莉花茶一般可分为特种花茶和级型花茶。

（一）特种花茶

特种花茶对茶叶和茉莉花的选料非常讲究，均通过人工选择上乘的茉莉花和绿茶，通过全手工的七窨一提工艺制作而成。我们在习惯上把这类茶归为特种茉莉花茶。代表产品主要有：茉莉凤眼、茉莉银针、茉莉白龙珠等。随着特种绿茶加工技术的发展，茉莉花茶的外形也不断丰富，有针形、松针形、扁形、珠圆形等，这类茶除了味道极佳之外，还非常具有观赏性。

（二）级型花茶

这种茶叶是以烘青茶坯为原料加工成各种规格的茶坯，然后将茶坯和不同的茉莉鲜花拼合，最后经过窨制而成。它的外形经常是条状的，一般分为春毫、香毫等。级型花茶主要以茶的香味浓度高低来判断茶叶的档次。

五、名优茉莉花茶

茉莉花茶是花茶的大宗产品和典型代表，产区辽阔，产量最大，品种丰富，销路最广。茉莉花茶是用经过加工干燥的茶叶与含苞待放的茉莉鲜花混合窨制而成的再加工茶，其色、香、味、形与茶坯的种类、质量及鲜花的品质有密切关系。大宗茉莉花茶以烘青绿茶为主要原料，统称茉莉烘青。茉莉花茶既有香味芬芳的饮料，又有高雅的艺术品。茉莉鲜花洁白高贵，香气清幽，近暑吐蕾，入夜放香，花开香尽。茶能饱吸花香，以增茶味，只要泡上一杯茉莉花茶，便可领略茉莉的芬芳。

（一）广西茉莉花茶

广西花茶以广西横县所产茉莉花最为有名，横县是中国最大的茉莉花生产基地，被国家林业局、中国花卉协会命名为“中国茉莉之乡”。横县种植茉莉花历史悠久，相传有六七百年历史。明代横州通判王济在《君子堂日询手镜》中写道：“（横县）茉莉花甚广，有以之编篱者，四时常花。”在明版《横州志·物产》中也能找到类似记载。明朝诗人陈奎写了这样一首诗：“异域移来种可夸，爱馨何独鬓云斜；幽斋数朵香时泌，文思诗怀妙变花。”咏的就是茉莉花。目前，横县成为全国乃至全球最大的茉莉花与茉莉花茶加工生产基地。

（二）龙团珠茉莉花茶

龙团珠茉莉花茶产于福建福州，是福州茉莉花茶中的传统地方名牌产品。品质特点：外形圆紧重实、匀整；内质香气鲜浓，滋味醇厚，汤色黄亮，叶底肥厚。

（三）政和银针

政和茉莉银针产于福建政和茶厂，主销北京、天津等地。其品质特点：外形芽条肥壮，满披茸毛，形似银针，色泽油润；内质汤色清澈明亮，花香芬芳、浓郁，冲泡3～4次花香犹存，滋味鲜浓、醇爽回甘，叶底肥厚匀嫩，根根如针。

（四）金华茉莉

金华茉莉又称“金华花茶”，产于浙江省金华市，采选上好的绿茶作为茶坯，与头圆、粒大、饱满、洁白、光润、芳香的优质茉莉花经窨制而成，制作过程中必须抓住鲜花吐香、茶坯吸香、复火葆香3个重要环节。其品种有茉莉毛峰茶、茉莉烘青花茶、茉莉炒青花茶等，其中以茉莉毛峰茶品质最佳。茉莉毛峰茶全身银毫显露，芽叶花朵卷紧；色泽黄绿透翠，汤色金黄清明；茶香浓郁清高，滋味鲜爽甘醇；旗枪交错杯中，形态优美自然。

（五）苏州花茶

苏州花茶产于江苏省苏州茶厂，它的生产始于南宋，历史十分悠久，是我国的传统名花茶，被誉为中国十大名茶（非官方）之一。苏州茉莉花茶选用苏、浙、皖三省吸香性能好的烘青绿茶为茶坯，配以香型清新而又成熟粒大、洁白光润的茉莉花精工窨制而成，其制作工艺精湛，有十余道工序之多。成品苏州茉莉花茶外观条索紧细匀整，白毫显露，干茶色泽油润；冲泡后的茶汤清澈透明，叶底幼嫩；香气鲜美、浓厚、清高，入口爽快，香气持久。

（六）四川花茶——碧潭飘雪、茉莉大虾毫

四川花茶以四川蒙顶山等所产川青为茶坯，具有独特的窨制工艺，代表品种为碧潭飘雪，独具风格。四川乐山犍为县有茉莉花之乡的美称。

实践操作

茉莉花茶的鉴别方法

（一）掂重量

买花茶时，先抓起一把茶叶掂掂重量，并仔细观察有无花片、花梗和碎末等。优质花茶较重，而且不应有这些东西；低质花茶较轻，允许有少量这些东西存在。

（二）看外形

花茶的外形以条索紧细圆直、色泽乌绿均匀、有光亮的为好；反之，条索粗松扭曲、色泽黄暗的为不好，甚至是陈茶。

部分分级花茶的外观特征：

一级：条索紧细圆直、匀整，有锋苗和白毫，略有嫩茎，色泽绿润，香气鲜灵、浓厚、清雅。

二级：条索圆紧均匀，稍有锋苗和白毫，有嫩茎，色泽绿润，香气清雅。

三级：条索较圆紧，略有筋梗，色泽绿匀，香气纯正。

四级：条索尚紧，稍露筋梗，色泽尚绿匀，香气纯正。

五级：条索粗松有梗、朴，色泽露黄，香气稍粗。

（三）闻味道

闻一闻有无其他不应有的异味（花茶极易吸附其他异味），然后放在鼻下深嗅一下，辨别花香是否纯正。质量好的花茶香气冲鼻；香气不浓的则没有这种感觉。

实训安排

实训项目	品鉴花茶
实训要求	（1）能够熟练掌握茉莉花茶的分类 （2）能够熟练掌握茉莉花茶主要品种的品质特征 （3）了解茉莉花茶的制作工艺
实训时间	90 分钟
实训场所与工具	（1）可以进行茶叶鉴别的茶艺实训室 （2）多媒体教室、茉莉花茶的代表茶叶 （3）茶荷、随手泡、盖碗、玻璃杯、滤网、公道杯、茶叶罐、白瓷碗、汤匙
实训方法	示范讲解、情境模拟、分组品鉴、小组讨论

实训步骤及要求：

（1）教师展示并讲解花茶的基本特征。

（2）学生分组鉴赏茶叶。

（3）教师示范讲解茶叶鉴赏的基本知识。

（4）学生分组进行茶叶鉴赏。

（5）学生完成实训报告。

实训报告单

实训项目　　　　　　　班级　　　　组别　　　　姓名　　　　学号

序号	茶叶名称	项目					
		外形	干茶色泽	香气	茶汤色泽	滋味	所属茶类
1	广西茉莉花茶						
2	龙团珠茉莉花茶						
3	政和茉莉						
4	金华茉莉						
5	苏州花茶						
6	碧潭飘雪						
7	茉莉大虾毫						
8	银针茉莉花茶						

任务总结

花茶属于再加工茶，在制作过程中根据所用的花不同，可以分为茉莉花茶、桂花茶、珠兰花茶、玳玳花茶、玫瑰花茶等，其中茉莉花茶最多。茉莉花茶品种较多，其中名优茉莉花茶主要有：广西茉莉花茶、龙团珠茉莉花茶、政和茉莉银针、金华茉莉、苏州花茶、碧潭飘雪、茉莉大虾毫。在品鉴茉莉花茶时，要特别注意茶叶的轻重、干茶的外形及干茶的味道，以此判别茉莉花茶的优劣。

项目二　认识茶具

任务　认识茶具种类

知识目标

熟悉茶具的种类

掌握各类茶具的使用方法

实训目标

能够独立完成茶具选配工作

能够熟练使用各类茶具

任务导入

1987年4月，我国考古学家在陕西法门寺地宫中发掘出一套晚唐时期僖宗皇帝的银质鎏金茶具，共计11种12件。这是至今见到的最高级的古茶具实物，堪称国宝。金银茶具一方面反映了唐朝皇室饮茶好奢华之风，另一方面也反映出唐朝茶文化的阶段性。通过对金银茶具的考证和探索，人们认为，唐朝存在两种茶文化现象：一种是以文人僧侣为主体的民间饮茶文化，一种是以皇室贵族为主体的宫廷茶文化。这两种茶文化精神内涵是不同的：前者崇尚自然、俭朴，后者崇尚奢华、繁缛。但是这两种茶文化共同体现了“和”“敬”精神，这是无疑的。盛唐、中唐的清饮发展到晚唐古乐伴饮，茶具也由质朴发展为奢华，把品茗技艺推向高层次、高格调、高情趣的境界。

知识准备

茶具，古代也称茶器或者茗器，意为泡茶、饮茶所用到的器具。“茶具”一词最早在汉代出现，西汉辞赋家王褒《僮约》中有“烹茶尽具，已而盖藏”之说，这是中国最早提到“茶具”的一条史料。唐代陆羽在《茶经》中设计了二十四种完整配套的茶具，并提到“城邑之中，王公之门，二十四器缺一，则茶废矣”，更是强调了完整配套的茶具的重要性，在城市，在王公贵族之家，如果二十四种茶具缺一种，都会对品茗造成影响。

“茶因器美而深韵，器因茶珍而增彩”，珍贵的茶品和精美的茶具相搭配，会给优美的茶艺增添无穷的魅力。在当代，我国的茶叶品种发展到上万种，各地的饮茶习惯、风俗也各不相同，茶具也随之发展，形成了琳琅满目的众多类型。

按照茶具的功能来分，可分为如下几类。

备水器具：茗炉，也就是用来煮烧泡茶水的炉子，如风炉、炭炉、酒精炉等。由于茗炉一般价格比较昂贵，现代通常使用煮水器，如随手泡来烧煮热水，十分便捷。

泡茶器具：各式茶壶、三才杯（盖碗）、茶碗等。

承载器具：茶船，用来承放茶壶等的垫底器具，有竹木、陶瓷及金属制品。茶船既可增加美观，又可防止茶壶烫坏桌面。

盛茶器具：茶叶罐、茶叶盒、茶荷等。

品茗器具：品茗杯、闻香杯。

辅助器具：茶道组（茶则、茶匙、茶夹、茶针、茶漏）、奉茶盘、杯托、公道杯等。

清洁器具：茶巾、水盂等。

根据人们常用的茶具材质的不同，可将茶具分为如下几类。

一、陶土茶具

陶土器具的出现在中国历史久远，可以追溯到新石器时代，最初是粗糙的土陶，随着生产力的进步，逐步演变成比较坚实的硬陶，再发展成为我们比较熟悉的釉陶。在陶器中，宜兴的紫砂茶具当属佼佼者，在北宋初期就已经崛起，随着人们饮茶方式的改变，到了明代更是大为流行。《桃溪客语》中说“阳羡（即宜兴）瓷壶自明季始盛，上者与金玉等价”，将上等的紫砂壶同金玉相比，可见其名贵。

紫砂茶具由陶器茶具发展而成，是一种新质陶器。和一般陶器不同，紫砂茶具的坯质致密坚硬，里外都不敷釉，取天然泥色，大多为紫砂，亦有红砂、白砂，无吸水性，音粗韵长，耐寒耐热，泡茶无熟汤味，能保真香，且传热慢，不易烫手。

紫砂壶的出现始于宋代，而紫砂工艺的真正鼎盛时期是在明代。此时紫砂工艺异军突起，紫砂陶壶应运而生，而且风靡天下，人们不再垂青于金、银、锡、瓷所制的茶具，而是更加偏爱平淡质朴、更加体现茶人精神的紫砂陶制茶具。明清时期，紫砂陶具盛行，名品迭出，身价大增，堪比金银玉器，这种现象的产生原因有两个方面。其一，明末清初，社会矛盾复杂，文人学士因不满社会现状，寻求自我完善与自我解脱，追求返璞归真的意境，在壶饮中寻找寄托，寻找平淡、质朴。其二，紫砂壶的实用价值较高，前人总结了紫砂茶具泡茶的优点：第一，泡茶不失原味，不夺真香，因为紫砂壶具有良好的透气性、吸香性和保温性，并且使用越久的紫砂壶泡出的茶味越香醇；第二，紫砂壶泡出的茶不易发霉变质；第三，紫砂壶的耐热性能较好，冬天注入沸水也不会出现冷炸的现象，比玻璃茶具安全；第四，紫砂壶既有实用价值，又有观赏收藏的价值，体现着生产时代的特点，反映着那个时代的文化背景，再加上其造型大方，样式繁多，因此是历代茶人及文人墨客都偏爱的一种茶具。

现今的紫砂茶具使用的泥料是用江苏省宜兴南部及其毗邻的浙江省长兴北部埋藏的一种特殊陶土，即紫金泥烧制而成的。这种陶土，含铁量大，有良好的可塑性。优质的原料、天然的色泽，为烧制优良紫砂茶具奠定了物质基础。

紫砂壶的制作过程十分复杂。经选泥、养土（窖藏一段时间）、洗泥等许多工序后才能制作。因泥色和质地不同，泥料呈现出不同的色彩，如石黄泥呈朱砂色、天青呈暗肝色等。制壶艺人往往又以不同质地的陶土加以调和，进行创新。人们通常见到的紫砂壶，主要原料是紫砂泥，其颜色紫红，质地细腻柔韧。

烧成后的紫砂壶分几十种颜色，主要有海棠红、猪肝红、大刺红、葵黄、芝麻黄、豆青、墨绿、榴皮、葡萄紫、琅王干翠等，又有圆球、鹅蛋、冬瓜、束腰、美人肩、将军盔等各种壶体变化造型。

紫砂壶的外形款式虽然千姿百态，但是总的来讲，可以分为四大类型。

（一）光素型

这类壶外形简朴无华，表面光滑，富有自然光泽。根据圆球、圆柱、四方、八方等几何形状为依据而制作。常见的类型有圆壶（图 2-1）、四方壶（图 2-2）、六角菱花壶、直腹壶等。

图 2-1 圆壶

图 2-2 四方壶

（二）仿生型

这类壶以塑捏为主，做工精巧、结构严谨。多仿照树木和花卉的枝干、果实、叶片或者动物及生活用品的形状制作而成，栩栩如生。常见的有松段壶、梅桩壶（图 2-3）、扁竹壶、南瓜壶、鱼壶、猫壶、船型壶等。

图 2-3 梅桩壶

（三）艺术型

这类壶不仅造型多变，往往又集书画、诗文、雕塑、泥绘、彩绘、包锡镶嵌等于一体，给人以综合性的艺术享受。常见的有浮绘山水壶、双喜壶、汉简壶等。

（四）特种型

这类壶包含两个品种：一个是有现代陶艺意味，不受传统壶艺约束，充分展示作者个性并创新的紫砂壶；一种是专门为福建、广州、台湾啜饮乌龙茶而制的特殊茶具，又称工夫茶具（图 2-4）。此类紫砂壶体态娇小，容量一般在 50～100 毫升，而与壶配套的品茗杯则更小，如同半个乒乓球，容量仅为 5 毫升左右。

图 2-4 工夫茶具

后人总结紫砂壶三大特点，即“泡茶不走味，贮茶不变色，盛暑不易馊”。好的紫砂壶，通过它的形、神、气，集美学思想、自然韵味、书画艺术、经济价值于一体，给人以平淡、娴雅、质朴、温和的内在心灵感受，这便是紫砂壶一直被收藏家珍爱并将其誉为茶具之王的主要原因。

二、瓷器茶具

瓷器是中国的重要发明之一，中国饮茶最早使用陶土器具，随着中国人饮茶之风大盛及制瓷工艺的产生和发展，瓷器茶具的使用也开始盛行。瓷器茶具可分为白瓷茶具、青瓷茶具、黑瓷茶具和彩瓷茶具。

图 2-5 白瓷茶具

（一）白瓷茶具

白瓷茶具（图 2-5）以色白如玉而得名。其产地甚多，有江西景德镇、湖南醴陵、四川大邑、河北唐山、安徽祁门等。我国著名的瓷都景德镇就是以生产白瓷而闻名中外。白瓷，早在唐代就有“假玉器”之称。唐朝饮茶之风大盛，促进了茶具生产的相应发展。全国有许多地方的制瓷业都很兴旺，形成了一批以生产茶具为主的著名窑场。各窑场争奇斗艳，相互竞争。据《唐国史补》记载，河南巩义市瓷窑在烧制茶具的同时，还塑造了“茶圣”陆羽的瓷像，客商每购置若干件茶具，即赠送一座瓷像，以招揽生意。其他如河北任丘的邢窑、浙江余姚的越窑、湖南的长沙窑、四川大邑窑，也都产白瓷茶具。唐朝诗人白居易还作诗盛赞四川大邑生产的白瓷茶碗。北宋时，景德窑生产的瓷器，质薄光润，白里泛青，雅致悦目，并有影青刻花、印花和褐色点彩装饰。到元代，景德镇因烧制青花瓷而闻名于世。青花瓷茶具，不仅为国内珍宝，而且远销海外。白瓷茶具色泽洁白，能够突显出茶汤的色泽，其传热和保温性能适中，加之白瓷茶具造型精巧，装饰典雅，其外壁多绘有山川河流、四季花草、飞禽走兽、人物传说或名人书法，颇具艺术欣赏价值，所以使用最为普遍。

（二）青瓷茶具

青瓷是中国传统瓷器的一种，主要产自浙江、四川等地。我国历代所称的缥瓷、千峰翠色、艾色、翠青、粉青等，都是指这种瓷器。唐代越窑、宋代龙泉窑、官窑、汝窑、耀州窑等，都属于青瓷系统。16世纪末，龙泉窑青瓷出现在法国市场，轰动了整个法兰西，人们认为无论怎样比拟，也找不到合适的名字来体现青瓷的美丽，后来只得用欧洲名剧《牧羊女》中的主角雪拉同的美丽青袍来比喻，此后，欧洲文献记载的"雪拉同"就成为龙泉青瓷的代名词。青瓷茶具（图2-6）以瓷质细腻、线条明快流畅、造型端庄浑朴、色泽纯洁而斑斓著称于世。唐代制瓷业已经成为独立的部门，唐代诗人陆龟蒙曾以"九秋风露越窑开，夺得千峰翠色来"的名句赞美青瓷。现在世界上几乎所有著名博物馆，都珍藏有龙泉青瓷。

图2-6　青瓷茶具

（三）黑瓷茶具

黑瓷茶具（图2-7）产于福建、四川、浙江等地，始于晚唐，鼎盛于宋，延续于元，衰微于明、清。自宋代开始，饮茶方法已由唐时煎茶法逐渐改变为点茶法，而宋代流行的斗茶，为黑瓷茶具的崛起创造了条件。宋人衡量斗茶的效果，一看茶面汤花色泽和均匀度，以"鲜白"为先；二看汤花与茶盏相接处水痕的有无和出现的迟早，以"盏无水痕"为上。这样若使用的茶盏为黑色，就更容易衬托出茶汤的白色。时任三司使的蔡襄，在他的《茶录》中就说得很明白："视其面色鲜白，著盏无水痕为绝佳；建安斗试，以水痕先者为负，耐久者为胜。”使用黑瓷茶具，正如宋代祝穆在《方舆胜览》中说的“茶色白，入黑盏，其痕易验”。所以，宋代的黑瓷茶盏，成了瓷器茶具中的最大品种。

图 2-7 黑瓷茶具

（四）彩瓷茶具

彩瓷茶具的花色品种很多，其中尤以青花瓷茶具（图 2-8）最引人注目。青花瓷茶具是我国最具民族特色的茶具。从历史上来看，直到元代中后期，青花瓷茶具才开始成批生产，特别是景德镇，成了中国青花瓷茶具的主要生产地。然而，对“青花”色泽中的“青”的理解，古今有所不同。古人将黑、蓝、青、绿等颜色都称为“青”，故“青花”的含义比现代要广。它的特点是花纹蓝白相映成趣，有赏心悦目之感，色彩淡雅可人，有华而不艳之感，加之彩料之上涂釉，显得滋润明亮，更平添了青花瓷茶具的魅力。

图 2-8 青花瓷茶具

青花瓷茶具要求绘画工艺水平高，特别是将中国传统绘画技法运用在瓷器上，因此这也可以说是元代绘画的一大成就。明代，景德镇生产的青花瓷茶具如茶壶、茶盅、茶盏等花色品种越来越多，质量越来越精，无论是器形、造型、纹饰等都冠绝全国。清代，特别是康熙、雍正、乾隆时期，青花瓷茶具在古陶瓷发展史上又达到了一个历史高峰，尤其是康熙年间的青花瓷器具，堪称“清代之最”。

综观明清时期，由于制瓷技艺提高，社会经济发展，对外出口扩大，以及饮茶方法的改变，青花瓷茶具获得了迅猛的发展，当时除景德镇生产青花瓷茶具外，较有影响的还有江西吉安、乐平，广东潮州、揭阳、博罗，云南玉溪，四川会理，福建德化、安溪等地。此外，全国还有许多地方生产"土青花"茶具，在一定区域内，供民间品茶使用。

三、漆器茶具

漆器茶具（图 2-9）始于清代，主要产于福建福州一带，通过采割天然漆树液汁进行炼制，掺进所需色料而制成的。它是我国先人的创造发明之一，但是在很长的历史时期内，一直未曾形成规模生产，一直到清代才开始流行。漆器茶具较有名的有北京雕漆茶具、福州脱胎茶具、江西鄱阳等地生产的脱胎漆器等，均具有独特的艺术魅力。其中，福建生产的漆器茶具尤为多姿多彩，如"宝砂闪光""金丝玛瑙""仿古瓷""雕填"等均为脱胎漆茶具。漆器茶具具有轻巧美观、色泽光亮、耐温、耐酸的特点，更具有艺术品的功用。

图 2-9 漆器茶具

四、金属茶具

金属茶具（图 2-10）是指由金、银、铜、铁、锡等金属材料制作而成的茶具，是我国最古老的日用器具之一。早在秦始皇统一中国之前的 1500 年间，青铜器就得到了广泛的应用，先人用青铜制作盘盛水，制作爵、樽盛酒，这些青铜器皿自然也可以用来盛茶。自秦汉至六朝，茶叶作为饮料渐成风尚，茶具也逐渐从其他饮具中分离出来。大约至南北朝时，我国出现了包括品茶器皿在内的金属器具，到隋唐时期，金属器具的制作达到高峰，但从宋代开始，人们对金属茶具褒贬不一。元代以后，特别从明代开始，随着茶类的创新，饮茶方法的改变，以及陶瓷茶具的兴起，金属茶具才逐渐消失，尤其是用锡、铁、铅等金

图 2-10 金属茶具

属制作的茶具，用它们来煮水泡茶，被认为会使“茶味走样”，以致很少有人使用。中国历史上有金、银、铜、锡等金属制作的茶具，但人们多推崇其作为储存茶叶的器具，而非饮、泡茶器具，如明朝张谦德所著的《茶经》中，就把瓷茶壶列为上等，金、银壶列为中等，铜、锡壶则属下等。金属茶具，尤其是用锡做的用来储茶的茶具，具有很多的优点，可以防潮、防光、防氧化和防异味，因此，用锡制作的贮茶器具，至今仍然流行于世。

五、竹木茶具

隋唐以前，我国饮茶虽渐次推广开来，但属粗放饮茶。当时的饮茶器具，除陶瓷器外，民间多用竹木制作而成，它物美价廉，经济实惠，更适合百姓的日常饮茶。这种茶具来源广，制作方便，对茶无污染，对人体又无害，自古至今一直受到喝茶人的欢迎。缺点是不能长时间使用，无法长久保存，失去了文物价值。到了清代，在四川出现了一种竹编茶具，它既是一种工艺品，又富有实用价值，主要品种有茶杯、茶盅、茶托、茶壶、茶盘等，多为成套制作。而用木罐、竹罐盛装茶叶更是随处可见，如福建省武夷山等地的乌龙茶木盒，在盒上绘以山水图案，制作精良，别具一格。

图 2-11 竹木茶具

竹木茶具（图 2-11）由内胎和外套组成，内胎多为陶瓷类品茶器具，外套用精选慈竹，经劈、启、揉、匀等多道工序，制成粗细如发的柔软竹丝，经烤色、染色，再按茶具内胎形状、大小编织嵌合，使之成为整体如一的茶具。这种茶具不仅色调和谐，美观大方，而且能保护内胎，减少其损坏；同时，泡茶时不易烫手，并富含艺术欣赏价值。因此，多数人购置竹木茶具，不在其用，而重在摆设和收藏。

六、玻璃茶具

玻璃，古人称之为琉璃或者流璃。我国的玻璃制作技术起步较早，但直到唐朝，随着中外文化交流的增多，西方的玻璃器皿不断传入，我国才开始烧制玻璃茶具。玻璃茶具（图 2-12）质地透明，外形可塑性大，形态各异，用途广泛。玻璃茶壶可用酒精炉、蜡烛等加热工具进行明火加热而不炸裂，也可从冰箱中取出，立即注入沸腾的水，具有美观、实用、方便的特点。玻璃茶具壶体透明，光泽夺目，尤其适合冲泡绿茶、花茶，茶壶晶莹剔透，茶汤色泽鲜艳，茶叶在冲泡过程中上下漂荡，让人赏心悦目。玻璃茶具的缺点是茶具导热快，保温能力差，不透气，茶香容易散失。

七、其他茶具

除了上述六种比较常见的茶具之外，还有用玉石、玛瑙、水晶以及各种珍稀原料制成的茶具。

图 2-12　玻璃茶具

实训安排

实训项目	识别茶具
实训要求	熟悉各种茶具：紫砂茶具、瓷质茶具、金属茶具、竹木茶具、玻璃茶具等的功能和使用方法
实训时间	45 分钟
实训环境	可进行茶具操作练习的茶艺实训室
实训工具	各式茶具
实训方法	示范讲解、情景模拟、小组讨论

实训步骤及要求：

（1）分组讨论，了解并掌握各类茶具的名称、功能和用途。

（2）练习各种茶具的使用方法。

（3）掌握茶具的摆放原则与方法。

实训报告单

实训项目　　　　　　　班级　　　　组别　　　　姓名　　　　学号

茶具名称	项目						
	导热性	保温性	适宜冲泡绿茶	适宜冲泡红茶	适宜冲泡乌龙茶	适宜冲泡黑茶	适宜冲泡花茶
紫砂茶具							
瓷质茶具							
玻璃茶具							
金属茶具							
竹木茶具							

任务总结

本项目梳理了我国茶具的发展历史，从质地和用途两方面阐述了茶具的分类，指出现代社会常用的茶具主要是陶土茶具、瓷器茶具和玻璃茶具。它们造型精美，与茶不会发生化学反应，泡茶能获得较好的色、香、味，而且造型美观、装饰精巧，具有观赏价值。

项目三　浅识茶艺礼仪

任务 1　训练茶艺师的姿态

知识目标

掌握茶艺人员必备的仪态要求

熟悉茶艺服务过程中常用的仪态姿势

实训目标

掌握茶艺服务过程中的站姿、坐姿和走姿

任务导入

优雅的举止、洒脱的风度，常常被人们称赞，也最能给人留下深刻的印象。姿态举止是一种无声的语言，能反映出一个人的素质、受教育情况。茶事活动主要是通过泡茶者的一举手一投足，一颦一笑来完成。茶艺中的每一个动作都要柔和连贯、美观大方，而动作之间又要有起伏、节奏，才能给人一种赏心悦目的感觉。

知识准备

一、站姿

站姿是茶艺服务人员的基本功，挺拔的站姿会给人以优美高雅、端庄大方、精力充沛、信心十足和积极向上的印象。

站姿的基本要求是：站立时直立站好，从正面看，两脚跟相靠，两脚尖呈 45°～60°，身体重心在两脚中间。双腿并拢直立、挺胸、收腹、双肩平正、自然放松。女性双手交叉，置于小腹，双目平视前方，嘴微闭，面带微笑；男性则双脚微呈外八分开。

在茶艺表演中，当腿和手的动作略有变化时，站姿也随之变化，可以站成“丁”字步，这种站姿往往在茶艺表演过程或者双手端着托盘时使用。

二、坐姿

由于茶艺服务人员在工作中经常要坐着为客人进行茶叶冲泡服务，所以，端正的坐姿也格外重要。

正确的坐姿是：泡茶时双腿并拢，挺胸、收腹、肩平头正，肩部不能因为操作动作的改变而左右倾斜。双手不操作时，应平放在操作台上，面部表情愉悦自然，自始至终都面带微笑。坐姿根据泡茶时的具体要求可以分为正式坐姿、侧点坐姿、跪式坐姿和盘腿坐姿四种。

（一）正式坐姿

入座时，走到座位前转身，右脚后退半步，左脚跟上，轻稳地坐下，但要注意不要将椅子坐满，一般只坐椅子的二分之一或者三分之一。坐下后，上身正直，双肩放松；头正目平，下颚微收，双眼可平视或略垂视，面部表情自然；两膝间的距离，男性以松开一拳为宜，女性则双腿并拢，与身体垂直放置，或左脚在前，右脚在后交叉呈直线；女性右手在上左手再下虎口交握，放置于胸前或面前桌沿；男性双手分开与肩同宽，半握拳轻搭于前方桌沿。

（二）侧点坐姿

如果由于桌椅的造型不允许正式坐姿，可采用侧点坐姿的方法。具体方法为：双腿并拢偏向一侧斜坐，脚踝可以交叉，双手如正式坐姿时交握轻搭在腿部。

（三）跪式坐姿

跪式坐姿即日本人称的“正坐”（图 3-1），常在日本茶道中使用。双膝跪于座垫上，双脚背相搭。臀部坐在双脚上，腰挺直，上身如站立姿态，头顶有上拔之感，坐姿安稳，双手搭前。

图 3-1

（四）盘腿坐姿

盘腿坐姿一般适合于穿长衫的男性或者表演宗教茶道。坐时用双手将衣服下摆撩起（佛教中称提半把），徐徐坐下。衣服后层下端铺平，右脚置于左脚下，用双手将前面衣服下摆稍稍提起，不可露膝，再将左脚置于右腿下，最后将右脚置于左腿下。

三、走姿

走姿是以站姿为基础，上身正直，目光平视，面带微笑；肩部放松，手臂自然前后摆动，手指自然弯曲；行走时身体重心稍向前倾，腹部和臀部向上提，由大腿带动小腿向前迈进，行走轨迹为直线。

行走时，身体的重心可稍向前，落在前脚的大拇指上，以利于挺胸收腹，身体要保持平衡，切忌上身扭动摇摆。此外，茶艺服务人员在行走时应当注意保持一定的步速，不宜过急，否则会使客人感觉不安静、急躁。步幅不宜过大，否则会给人不舒服的感觉，每一步前后脚之间距离应该在 30 厘米左右。

在行走中，需要转身改变方向时，要掌握正确优美的转身方法，错误的转身会让客人感到没有礼貌，尤其在茶艺表演中，要采用合理简捷的途径，方能体现出步伐的规范和优美。

（一）前行步

向前行走时，要保持身体直立挺拔，行进中与来宾或者同事相互问候时，要伴随着头和上身向左或向右转动，并微笑点头致意，配以恰当的语言。切忌用眼睛斜视别人。

（二）后退步

当奉上茶后离开客人时，转身就走是不礼貌的行为，应该向后退一到两步，然后转身离去。退步时脚轻擦地面，勿抬高小腿，后退的幅度要小，两腿之间的距离不宜过大。转体时要身先转，头稍后一些转。在茶艺表演结束时或者离开舞台时，都应后退一至两步，方法同上。

（三）侧行步

当走在前面引领宾客时，要尽量走在宾客的左侧前后。髋部朝着前行的方向，上身稍向右转体，左肩稍前，右肩稍后，侧身向着宾客，保持两三步的距离。可边走边向宾客介绍环境，需做手势时尽量用左手。侧身转向宾客不仅可以显示对宾客的尊重，同时还可以留心观察宾客的意愿，及时为其提供满意的服务。当在路面较窄的走廊或者楼道与人相遇时，也要采用侧行步。

茶艺服务人员在工作中经常处于行走中的状态，行云流水般的走姿，可以充分展现茶艺服务人员的温柔端庄、大方得体，轻盈的步态也可以给客人以丰富的动态美感。所以，茶艺服务人员应通过正规训练，熟练掌握正确优美的走姿，并运用到工作中。

四、蹲姿

茶艺服务人员经常处于走动状态，因此身体各躯干的动作都要讲究端庄优雅、灵活得体，在拿取低处物品或为客人奉茶时，应注意不要弯身翘臀，这是极不雅观和极不礼貌的动作。

正确的姿势为：将双脚略为分开，屈膝蹲下，不要低头，不要弯背，应慢慢低下腰部进行拿取。为客人奉茶时可采用交叉式蹲姿或者高低式蹲姿的方法以示优雅。

（一）交叉式蹲姿

下蹲时右脚在前，左脚在后，右小腿垂直于地面，全脚着地，左腿在后与右腿交叉重叠，左膝由后面伸向右侧，左脚跟抬起脚掌着地，两腿前后紧靠，合力支撑身体，臀部向下，上身稍向前倾。

（二）高低式蹲姿

下蹲时左脚在前，右脚稍后（不重叠），两腿紧靠下蹲。左脚全脚着地，小腿基本垂直于地面，右脚脚跟提起，脚掌着地。右膝低于左膝，右膝内侧靠于左小腿内侧，形成左膝高右膝低的姿态，臀部向下，基本上以右腿支撑身体。

一般男性可以选用第二种姿态，两腿之间可以有适当距离，而女性无论采用哪种蹲姿，都要注意将腿并拢，臀部向下。

实训安排

实训项目	茶艺服务姿态练习
实训要求	熟悉茶艺服务过程中的站姿、坐姿和走姿
实训时间	45 分钟
实训环境	可进行姿态操作练习的茶艺实训室
实训工具	奉茶盘、品茗杯、闻香杯、盖碗
实训方法	示范讲解、情景模拟、小组讨论

实训步骤及要求：

（1）分组讨论，了解并掌握茶艺服务过程中的站姿、坐姿和走姿。

（2）练习站姿、坐姿和走姿。

（3）掌握茶艺服务过程中的仪态姿势要求。

实训报告单

实训项目　　　　　　班级　　　　组别　　　　姓名　　　　学号

项目	实施要点
站姿	
坐姿	
走姿	

任务总结

仪态，是茶艺人员内在素质的外在表现和修养的自然流露，在服务过程中可以传神达意。通常，茶艺人员呈现在公众面前的是站、坐、走三类。优美的站、坐、走的姿势，是展示人的不同质感的动态美的起点与基础，同时也是一个人良好气质和风度的展现，尤其对于茶艺人员来说，仪态更是有着严格的要求。

任务 2　掌握茶艺师的常用礼节

知识目标

熟悉茶艺服务过程中的各项礼仪

了解各项茶艺礼仪的名称和用途

实训目标

掌握茶艺服务过程中各项茶艺礼仪的名称、方法和用途

任务导入

《礼记》中有这样一句话："入境而问禁，入国而问俗，入门而问讳。"在不同场合与不同对象交往，需要不同的礼仪形式。人交往本身也离不开礼仪，人们在交往过程中，不可避免地会产生各种矛盾，而要解决矛盾，协调人际关系，其中很重要的一点就是运用礼仪形式，以消除人际交往中的各种障碍。中国是文明古国、礼仪之邦，素有客来敬茶的习俗。人们在长期的茶事活动中，逐渐形成了对人、对茶品、对茶器等表示尊重、敬意、友善的行为规范与惯用方式，这就是茶艺服务中的基本礼仪礼节。通过恭敬的言语和动作等礼节可将内心的精神、思想等体现出来。

知识准备

茶艺人员要求熟练掌握常用礼节，对于初学者而言，要经过不断训练和用心揣摩才能达到神形兼备。

一、握手礼

握手礼是一切场合中最常使用、适用范围最广的礼节。握手礼表示敬意、亲近、友好、寒暄、道别、道谢等多种含义，是世界各国较普遍的社交礼节。在茶室迎接宾客到来或者与宾客离别时常用到握手礼。握手应遵循上级在先、长辈在先、女士在先的原则。握手时，要用右手，而不得使用左手。不宜同时与两人握手，更不能交叉握手。握手时不能戴手套，女士允许戴薄手套，不能戴墨镜。握手力度不宜过大，时间以3～5秒为宜。男士与女士握手，一般只轻握对方的手指部分。

二、鞠躬礼

鞠躬礼即弯腰行礼，是中国的传统礼仪动作。茶道表演者在开始和结束时，均要行鞠躬礼。鞠躬礼从行礼姿势上分站式、坐式和跪式三种，且根据鞠躬的弯腰程度可以分为真、行、草三种。

（一）站式鞠躬礼

左脚向前，右脚跟上，右手握左手，四指合拢置于小腹前，男士可双臂自然下垂，手指自然并拢，双手呈"八"字形轻扶于双腿上，缓缓弯腰，动作轻松，自然柔和，直起时速度和俯身速度一致，目视脚尖，缓缓起身，面带笑容。

真礼。行礼时，将两手沿大腿前移至膝盖，腰部顺势前倾，低头弯腰90°。

行礼。低头弯腰45°。

草礼。略欠身即可，低头弯腰30°。

（二）坐式鞠躬礼

在坐姿的基础上，头身向前倾，双臂自然弯曲，手指自然合拢，双手掌心向下，自然平放于双膝上或双手呈"八"字形轻放于双腿中后部位置；直起时目视双膝，缓缓直起，面带笑容。

真礼。行礼时，双手平扶膝盖，腰部顺势前倾约45°。

行礼。头向前倾30°，双手呈“八”字形放于大腿中部位置。

草礼。头向前略倾即可，双手呈“八”字形放于大腿后部位置。

（三）跪式鞠躬礼

在跪姿的基础上，头身向前倾，双臂自然下垂，手指自然合拢，双手掌心向下，双手呈“八”字形，或掌心向下，或掌心向内，或平扶，或垂直放于地面双膝的位置；直起时目视手尖，缓缓直起，面带笑容。

真礼。行礼时，掌心向下，双手触地于双膝前位置，头向前倾约45°。

行礼。头向前倾约30°，掌心向下，双手触地于双膝前位置。

草礼。头向前略倾即可，掌心向内，双手指尖触地于双膝前位置。

三、伸掌礼

这是茶艺表演中用得最多的特殊礼节。当主泡师请助泡师协同配合时，或请客人帮助传递茶杯或其他物品时都用此礼，表示的意思为“请”和“谢谢”。当两人相对时，可伸右手掌，若侧对时，右侧方伸右手，左侧方伸左手。伸掌姿势是：五指并拢，手掌略向内凹，手心向上，左手或右手从胸前自然向左或向右伸出，侧斜之掌伸于敬奉的物品旁，同时欠身。

四、扣手礼

扣手礼即用食指和中指轻叩桌面，以表谢意。相传清代乾隆皇帝曾带两个太监游江南，到一家茶馆私巡察访。皇帝为太监倒茶、奉茶，太监诚惶诚恐，想下跪谢主隆恩，又怕暴露了皇帝的身份，情急之下急中生智，用右手中指与食指并拢，指关节弯曲，在桌面上做跪拜状轻轻叩击，以代“三跪九拜”之礼，以后这一“以手代扣”的礼节在民间广为流传。至今，在我国不少地区的习俗中，长辈或者上级给晚辈或下级斟茶时，晚辈或下级必须用双手指跪拜状轻轻叩击桌面两三下；晚辈或下级为长辈或上级斟茶时，长辈或上级只需用单指叩击桌面两三下以示谢意。

五、注目礼和点头礼

注目礼是用眼睛庄重而专注地看着对方，点头礼即点头示意。这两个礼节一般在向客人敬茶或者奉上物品时用到。另外，茶艺表演时与观众的目光交流和点头示意也是一种礼节。

六、置茶礼

在茶艺表演时，手拿杯具不能沾杯口，而应拿杯具三分之二以下的地方（包括茶艺用具），移动杯具不能碰出声音，茶具随时保持整洁、整齐。

七、奉茶礼

在奉茶时要求双手敬上，如果是工夫茶，还须以“举案齐眉”的方式，即将盛放品茗杯与闻香杯的茶托举到齐眉的位置，以表示对客人的尊敬，以及对茶和自然的尊敬。

八、寓意礼

茶事活动中，自古以来在民间逐步形成了不少带有寓意的礼节，如最常见的冲泡时的“凤凰三点头”，即手提水壶高冲低斟反复三次，寓意是向客人三鞠躬以示欢迎。茶壶放置时壶嘴不能正对客人，否则表示请客人离开的意思。回转斟茶、烫壶等动作，右手必须逆时针方向回转，左手则以顺时针方向回转，表示招手“来！来！来！”的意思，欢迎客人来观看，若相反方向操作，则表示挥手“去！去！去！”的意思。俗话说“酒满茶半”，倒茶时应注意茶斟七分满即可，有杯柄的茶杯在奉茶时要将杯柄放置于客人的右手面，总之，要处处为方便客人考虑。

实训安排

实训项目	茶艺礼仪练习
实训要求	熟悉各种茶艺礼仪：鞠躬礼、伸掌礼、奉茶礼、寓意礼等的用途和方法
实训时间	45 分钟
实训环境	可进行礼仪操作练习的茶艺实训室
实训工具	奉茶盘、品茗杯、茶桌
实训方法	示范讲解、情景模拟、小组讨论

实训步骤及要求：

（1）分组讨论，了解并掌握茶艺服务过程中用到的各种茶艺礼仪。

（2）根据情景，分别进行各种茶艺礼仪的运用。

（3）分小组进行伸掌礼、鞠躬礼和奉茶礼的练习。

实训报告单

实训项目　　　　　　　班级　　　　　组别　　　　　姓名　　　　　学号

情景	需用礼仪
奉茶	
泡茶	
介绍干茶、茶具等	
嘉宾见面	

任务总结

礼节是人们在日常生活中，特别是在交际场合中，互相问候、致意、祝愿、慰问及给予必要的协助与照料的惯用形式，是礼貌在语言、行为和仪态等方面的具体体现。茶艺礼仪比平时所说的礼仪更加精细化。礼仪与社会制度、人民文化素质、道德都有着密切的关系，在特定的社会历史条件下，礼仪以它不同的内涵形式，发挥着调节人际关系，使社会保持一定合理秩序的重要作用。

任务3　培养茶艺师的仪容仪表

知识目标

了解茶艺人员必备的仪容仪表要求

实训目标

掌握茶艺服务过程中的仪容、仪表

能够选择搭配适宜的服装

任务导入

仪容主要是指人的容貌。仪表即指人的外表，它包括容貌、姿态、服饰、风度、个人卫生等。在政务、商务等社交场合，一个人的仪表不但可以体现他的文化修养，也可以反映他的审美情趣。穿着得体，不仅能赢得他人的信赖，给人留下良好的印象，而且还能够提高与人交往的能力。相反，穿着不当，举止不雅，往往会降低自己的身份，损害自己的形象。因此，仪容仪表是一个人精神面貌的外在表现，体现一个人的道德修养、文化水平、审美情趣、文明程度。良好的仪容仪表也是尊重对方、讲究礼貌、互相理解的具体表现。

知识准备

茶艺服务人员的仪容仪表在交流与服务中体现着礼貌和尊重，能够引起对方强烈的感情体验，在形式和内容上都能打动人，是欣赏者满足视觉美的需要。茶艺表演，一般要求茶艺人员在端庄、大方、体态匀称的基础上，还要讲究相关的仪容仪表。

一、着装要求

着装在茶事活动中的作用是不可忽视的，在进行正式的茶艺表演时，茶艺人员的服饰属于职业服饰，它应具有职业服饰的基本特征，即实用性、审美性和象征性，同时，还应体现茶艺这一职业的个性。

茶艺人员的服装一般以中式为宜，袖口不宜过宽，否则会沾到茶具或茶水，服装的颜色不宜太显眼，要与茶室环境、茶具相配套，如表演宫廷茶艺时，可以选择体现宫廷特色的服装；表演民族茶艺时，应穿着反映民族特色的服装；表演禅茶茶艺时，要充分体现宗教特色；进行具有中国文化特色的紫砂茶具表演时，配以古典风格的中式服装为宜。

二、面部、发型要求

（一）淡雅的妆容

茶是淡雅的物品，从事茶艺服务工作或茶艺表演时，应施以淡妆，表情平和放松，面带微笑，展示出良好的精神面貌，表达对宾客的尊重。不要浓妆艳抹，避免喷洒浓烈的香水，以免影响茶香，破坏品茗的氛围。男士应将面部修饰干净，不留胡须，以整洁的面容对待客人。

（二）整齐的发型

头发整洁、发型大方是个人礼仪对发式美的基本要求。通过不同发式的选择，可以充分展示美，达到扬长避短的目的。作为茶艺工作人员，端庄文雅的发型、乌黑的秀发能给客人留下美的印象。一般来说，不宜染发，头发无论长短，额发不应过眉，不应影响视线，若头发长度过肩，泡茶时应将头发盘起，以免掉落影响操作。盘发发型应简单大方，与服装相适应。

三、手部举止要求

茶艺工作人员的双手在茶艺活动中承担着主角地位，客人会始终关注茶艺人员的手来欣赏整个泡茶过程，因此，手部的干净整洁极为重要。一般来说，茶艺人员的手要求指甲修剪整齐，不留长指甲，不涂指甲油，特别注意在泡茶之前，避免手上留有浓烈气味的护手霜或其他化妆品的香味，以免污染茶具，影响茶香。除可在手臂上适当佩戴一只玉手镯外，茶艺人员的手上不要佩戴饰物，如手链、戒指等，这些东西往往会喧宾夺主，也会碰击茶具，发出不协调的声音。

四、茶艺用语

茶艺人员素质、修养水平的高低，往往通过语言体现出来。语言表达分为口头和书面两种方式，对于茶艺工作人员来说，口头语言的表达尤为直接和重要。茶事活动是一种文明高雅的活动，它在交往过程中要求：语言规范、亲切，音量适中，音调简洁清晰，充分体现出主动、热情、周到、谦虚的态度。根据不同的对象，恰当运用服务敬语，做到客到有请，客问必答。

实训安排

实训项目	茶艺人员职业素质养成
实训要求	（1）熟悉茶艺服务过程中常用的仪态姿势 （2）掌握茶艺服务中的服装搭配
实训时间	45 分钟
实训环境	可以进行仪表仪容练习及化妆练习的形体教室
实训方法	示范讲解、情景模拟、小组讨论

实训步骤及标准：

（1）分小组进行仪容、仪表、化妆等练习。

（2）根据情景，选配正确的服装。

（3）角色分配，情景模拟练习。

任务总结

茶人（茶艺师）是为客人提供茶艺服务的人员的总称，这里既包括了茶艺前台接待人员，也包括了茶艺表演人员。茶人作为茶文化的传播者、茶叶流通的“加速器”，不仅要有良好的文化素质、丰富的茶叶知识、专业的泡茶技巧，还要有良好的服务态度、得体的仪容仪表、优雅的言谈举止。所谓“工欲善其事，必先利其器”，高素质的茶人才能为客人提供高品位的茶艺服务。

项目四　掌握茶的冲泡

任务 1　选用与取放茶具

知识目标

熟悉、掌握各类茶具的名称及用途

实训目标

掌握选择茶具的原则和方法

熟悉六大基本茶类常用茶具

任务导入

一部《红楼梦》，满纸茶叶香。我们一起来看一下《红楼梦》中提到的珍稀的茶具。“妙玉另拿出两只杯来，一个旁边有一耳，杯上镌着‘𤫩瓟斝’三个隶字，后有一行小真字，是‘晋王恺珍玩’；又有‘宋元丰五年四月眉山苏轼见于秘府’一行小字。妙玉斟了一斝，递与宝钗。那一只形似钵而小，也有三个垂珠篆字，镌着‘杏犀斝’，妙玉斟了一斝与黛玉，仍将前番自己常日吃茶的那只绿玉斗来斟与宝玉。”

知识准备

茶与茶具的关系甚为密切，好茶必须用好茶具泡饮，才能相得益彰。茶具的优劣对茶汤质量和品饮者的心情，都会产生直接影响。茶具，按其狭义的范围是指茶杯、茶壶、茶碗、茶盏、茶碟、茶盘等饮茶用具。我国的茶具种类繁多，造型优美，除实用价值外，也有颇高的艺术价值，因而驰名中外，为历代饮茶爱好者所青睐。由于制作材料和产地不同而分陶土茶具、瓷器茶具、漆器茶具、玻璃茶具、金属茶具和竹木茶具等几大类。其中，瓷器传热慢，保温效果理想，与茶不会发生化学反应，用瓷器沏的茶能获得较好的色、香、味，而且造型美观，装饰精巧，具有艺术欣赏价值。陶器茶具，造型雅致，色泽古朴，特别是宜兴紫砂为陶中珍品，用来沏茶，香味醇和，汤色澄清，保温性好，即使在夏天茶汤也不易变质。茶具材料多种多样，造型千姿百态，纹饰百花齐放。究竟如何选用，这要根据各地的饮茶风俗习惯和饮茶者对茶具的审美情趣，以及品饮的茶类和环境而定。

茶具选用的原则

（一）因人制宜

在古代，不同的茶人选用的茶具也不同，茶具在很大程度上反映了人们的不同地位与身份。历代的文人墨客，都特别强调茶具的“雅”。宋代文豪苏东坡在江苏宜兴讲学时，自己设计了一种提梁式的紫砂壶，“松风竹炉，提壶相呼”，独自烹茶品赏。另外，职业、年龄、性别不同，对茶具的要求也不一样。例如，老年人讲求茶的韵味，要求茶叶香高、味浓，重在物质享受，因此，多用茶壶泡茶；年轻人以茶会友，要求茶叶香清味醇，重于精神品赏，因此，多用茶杯沏茶。

（二）因地制宜

中国地域辽阔，各地的饮茶习俗不同，故对茶具的要求也不一样。长江以北一带，大多喜爱选用有盖瓷杯冲泡花茶，以保持花香，或者用大瓷壶泡茶，尔后将茶汤倾入茶杯中饮用。在长江三角洲和华北京津等地一些大中城市，人们爱好品细嫩名优茶，既要闻其香，啜其味，还要观其色，赏其形，因此，特别喜欢用玻璃杯或白瓷杯泡茶。在江、浙一带的许多地区，饮茶注重茶叶的滋味和香气，因此喜欢选用紫砂茶具泡茶，或用有盖瓷杯沏茶。福建及广东潮州、汕头一带，习惯于用小杯啜乌龙茶，故选用“烹茶四宝”——潮汕风炉、玉书碨、孟臣罐、若琛瓯泡茶，以鉴赏茶的韵味。潮汕风炉是一只缩小了的粗陶炭炉，专作加热之用；玉书碨是一把缩小了的瓦陶壶，高柄长嘴，架在风炉之上，专作烧水之用；孟臣罐是一把比普通茶壶小一些的紫砂壶，专作泡茶之用；若琛瓯是只有半个乒乓球大小的2～4只小茶杯，每只只能容纳4毫升茶汤，专供饮茶之用。小杯啜乌龙，与其说是解渴，还不如说是闻香玩味。这种茶具往往又被看作是一种艺术品。四川人饮茶特别钟情于盖茶碗，喝茶时，左手托茶托，不会烫手，右手拿茶碗盖，用以拨去浮在汤面的茶叶。加上盖，能够保香，去掉盖，又可观姿察色。选用这种茶具饮茶，颇有清代遗风。至于我国边疆少数民族地区，至今多习惯于用碗喝茶，古风犹存。

（三）因具制宜

茶具的选择一般要考虑以下三个方面：一是要有实用性；二是要有欣赏价值；三是有利于茶性的发挥。

（四）因茶制宜

自古以来，比较讲究品茶艺术的茶人，注重品茶韵味，崇尚意境高雅，强调“壶添品茗情趣，茶增壶艺价值”，认为好茶好壶，犹似红花绿叶，相映生辉。一般来说，饮用花茶，为有利于香气的保持，可用壶泡茶，然后斟入瓷杯中饮用。饮用大宗红茶和绿茶，注重茶的韵味，可选用有盖的壶、杯或碗泡茶；饮用乌龙茶则重在“啜”，宜用紫砂茶具泡茶；饮用红碎茶与工夫红茶，可用瓷壶或紫砂壶来泡茶，然后将茶汤倒入白瓷杯中饮用。若是品饮西湖龙井、洞庭碧螺春、君山银针、黄山毛峰等细嫩名优绿茶，那么最适宜用玻璃杯冲泡，可以看到茶叶和水的交融，别有一番情趣。再有，品饮绿茶类名茶或其他细嫩绿茶，茶杯均宜小不宜大，用大杯则水量多、热量大，茶叶容易被“烫熟”，对茶汤的色、香、味会有一定影响。除选用玻璃杯冲泡外，也可选用白色瓷杯冲泡饮用。

实训安排

实训项目	认识茶具
实训要求	(1) 能够熟练掌握各类茶具的名称 (2) 能够熟练掌握各类茶具的主要用途 (3) 掌握冲泡六大基本茶类的最佳茶具
实训时间	90 分钟
实训场所与工具	(1) 可以进行茶叶鉴别的茶艺实训室 (2) 多媒体教室、各类茶具、六大基本茶类的代表茶叶
实训方法	示范讲解、分组练习、小组讨论

实训步骤及要求：

(1) 教师展示并讲解各类茶具的名称、用途及冲泡不同茶的最佳茶具。

(2) 学生分组认识茶具。

(3) 学生完成实训报告。

实训报告单

实训项目　　　　班级　　　　组别　　　　姓名　　　　学号

序号	茶具名称	主要用途
1		
2		
3		
4		
5		
6		
7		
8		

任务总结

选择适宜的茶具才能冲泡出好茶，同时茶具也是兼具观赏性的艺术品，所以，在实际的泡茶过程中，选择适当的茶具是十分重要的，因为只有茶具和茶叶相得益彰，茶性才能得到充分发挥；只有选择适合自己的精美茶具，才能从泡茶、品茶的过程中获得美好的精神享受。

任务 2　掌握茶叶的用量

知识目标

熟悉影响投茶量的因素

实训目标

掌握不同茶类的投茶量和茶水比

任务导入

我们应该常常听说，喝浓茶是对身体健康有害的。所谓浓茶，就是指茶叶放多了泡出来的茶。那么泡茶时投放多少茶叶为宜呢？其实很多人都不知道泡好茶应先掌握茶叶用量，只有掌握好茶叶的用量才能更好地冲泡出一杯或是一壶好茶。

知识准备

影响投茶量的因素

（一）茶类

茶叶种类繁多，茶类不同，用量各异。如冲泡一般红茶、绿茶，茶与水的比例，大致掌握在（1∶50）～（1∶60），即每杯放 3 克左右的干茶，加入沸水 150～200 毫升。如饮用普洱茶，每杯放 5～10 克。如用茶壶，则按容量大小适当掌握。用茶量最多的是铁观音等高香类乌龙茶，因为投茶量不够，香气不足，会影响茶的品质，每次投入量几乎为茶壶容积的二分之一，甚至更多。

一般来说，茶、水的比例随茶叶的种类及品茶者情况等而有所不同。嫩茶、高档茶用量可少一点，粗茶应多放一点，乌龙茶、普洱茶等的用量也应多一点，茶与水的比例以 1∶30 为宜。一般家庭中常用的白瓷杯，每杯可投茶叶 3 克，冲开水 250 毫升；一般的玻璃杯，每杯可投放茶 2 克，冲开水 150 毫升。

（二）地域

用茶量多少与饮茶者所处地域的饮用习惯也有密切关系。在西藏、新疆、青海和内蒙古等少数民族地区，人们以肉食为主，当地又缺少蔬菜，因此茶叶成为生活上的必需品。他们普遍喜饮浓茶，并在茶中加糖、加乳或加盐，故每次茶叶用量较多。华北和东北广大地区人民喜饮花茶，通常用较大的茶壶泡茶，茶叶用量较少。长江中下游地区的消费者主要饮用绿茶，一般用较小的瓷杯或玻璃杯，每次用量也不多。在福建、广东、台湾等省，人们喜饮工夫茶，茶具虽小，但用茶量较多。

（三）个人喜好

茶叶用量还与消费者的年龄结构及饮茶历史有关。中、老年人往往饮茶年限长，喜喝较浓的茶，故用量较多；年轻人初学饮茶的多，普遍喜爱较淡的茶，故用量较少。

总之，泡茶用量的多少，关键是掌握茶与水的比例，茶多水少，则味浓；茶少水多，则味淡。有人曾做过这样一个试验：取 4 只茶杯，各等量放入 3 克相同的茶叶，再分别倒入沸水 50 毫升、100 毫升、150 毫升和 200 毫升，5 分钟后审评茶汤滋味，结果是，加水 50 毫升的滋味极浓，加水 100 毫升的滋味太浓，加水 150 毫升的滋味正常，加水 200 毫升的滋味较淡。

实践操作

一、按体积投茶的方法

能否泡好一壶茶，投茶量是十分关键的因素。对于初学者来说，怎样清晰明了地把握好每类茶的投茶量呢？下面我们选用盖碗作为泡茶工具，为大家介绍掌握投茶量的方法。

（一）绿茶和黄茶

普遍来说，绿茶和黄茶是公认的所有茶类中最为鲜嫩的茶类，且经过揉捻，浸出物出来得快，盖碗冲泡的时候，放差不多覆盖满盖碗底部的量就可以了。

（二）红茶

红茶的投茶量与绿茶相似，差不多也是覆盖满盖碗底部的量，不过可以比绿茶稍稍多一些。

红茶分为大叶种茶和小叶种茶，像祁门红茶、四川红茶是小叶种红茶，而云南红茶则是大叶种茶，大叶种茶的叶片较大，占的体积大，所以泡茶时的投茶量要比小叶种红茶更多。常喝国外红茶的朋友，很多时候喝到的是红碎茶，由于红碎茶的浸出速度很快，且饮茶者并不太在意它的耐泡度，所以投茶量要减近一半。

（三）乌龙茶

乌龙茶的种类非常多，但还是可以按照外形大致分为条形乌龙和球形乌龙，条形乌龙的投茶量差不多占盖碗容量的1/5～1/3，球形乌龙则盖过盖碗底部就可以了。

球形乌龙由于形状特殊，茶叶展开比较慢，所以通常有一泡温润泡把茶叶舒展开来。这种半发酵的茶，用热水冲泡会强烈激发它的香气和滋味，特别是高山乌龙，一定要用沸水冲泡，用温吞的热水冲泡不利于茶性的发挥，甚至是“浪费”。

（四）紧压茶

紧压茶的投茶量差不多占盖碗容量的 1/5。有些紧压茶比较紧，密度较大，所以可以适当减少投茶量。

为了舒张茶叶，紧压茶的冲泡过程中也常常会有温润泡。这里还有一点需要注意——紧压茶有“三年以下开盖泡，三年以上扣盖泡”的说法，原因是“年纪较轻”的紧压茶发酵度不高，盖上盖子会把茶汤闷坏，而三年以上的紧压茶因为后发酵则不存在这个问题。

（五）白茶

在所有的茶类中，白茶应该是最好“控制”的茶叶，不会轻易把它泡坏。由于白茶没有经过揉捻，仅仅是鲜叶采摘后经过萎凋、干燥制作而成的茶类，所以干茶普遍较轻且蓬松，投茶量会比较大，散茶约占盖碗容量的3/4或1/2；白茶饼的话，差不多占盖碗容量的1/5就可以了。

二、其他泡茶法的投茶量

除了上述常见的泡茶方法以外，还有一些特殊的泡茶方法也有一些投茶量的讲究。

（一）碗泡法

由于碗泡法是用茶勺取茶汤，添汤的动作会比较慢，且茶叶一直浸在水中，所以即便茶碗较大，也不要投放太多的茶量，不然茶汤很容易变浓。

（二）调饮茶

最常见的奶茶，茶水比例大概是 1∶30。因为制作过程中会加奶，所以可以把茶汤泡制得浓一点，这样也方便根据自己的喜好选择多奶还是多茶。

（三）冷泡茶

冷泡茶的特点是冷水浸泡，且浸泡时间很长，夏天的时候甚至会过夜，所以投茶量不用太大。按体积来投茶的话，紧压茶以外的所有茶类差不多投铺满容器底部的量就可以了，而紧压茶适当减少，以免茶汤过浓。

泡茶本身是个逐渐熟练的过程，丰富的泡茶经验带来的并不是教条般的条条框框，而是更加随性自在地喝茶，随着泡茶经验的不断丰富，大家肯定会找到最适合自己口味的投茶量。

实训安排

实训项目	掌握投茶量
实训要求	（1）熟悉各类茶叶的茶水比 （2）掌握各类茶叶的投茶量
实训时间	90 分钟
实训场所与工具	（1）可以进行茶叶鉴别的茶艺实训室 （2）多媒体教室、各类茶具、六大基本茶类的代表茶叶、天平
实训方法	示范讲解、分组练习、小组讨论

实训步骤及要求：

（1）教师展示并讲解冲泡各类茶叶的最佳茶水比。

（2）学生分组练习。

（3）学生完成实训报告。

实训报告单

实训项目　　　　　　班级　　　　组别　　　　姓名　　　　学号

序号	茶叶名称	投茶技巧
1		
2		

续表

序号	茶叶名称	投茶技巧
3		
4		
5		
6		

任务总结

想要泡得一壶好茶，适宜的投茶量是很关键的，投茶量过多，茶汤过浓，会使得茶汤变混浊，不再清亮，更对人身体不利；投茶量过少，茶汤过淡，不能充分展示茶的特点，从而失去茶的韵味。

任务3　选择与控制水

知识目标

掌握适合泡茶用水的特点

实训目标

掌握冲泡各类茶的水温

任务导入

喝茶是一件说简单也简单，说复杂也复杂的事情。烧水、倒水、放茶叶，简单明了，人人都会，但是要想冲泡得法，却并不是一件容易的事情。我们买茶叶经常有这样的体会，明明是同一款茶，在商家那里试喝的时候，滋味清冽，回甘悠长，可是将茶叶买回家自己冲泡的时候，滋味总是逊色一些。滋味不一样的原因可能是泡茶方法的问题，而泡茶用水就是一个重要的环节。

知识准备

一、适合泡茶的水的特征

适合泡茶的水一般具有以下特征。

（一）清

清就是要求无色透明，无沉淀物。这是最基本的要求，也是一种常识。如果水质不清，也要想方设法使之变清。明朝田艺蘅的《煮泉小品》云：“移水取石子置瓶中，虽养其味，亦可澄水，令之不淆。”白石可以使人获得“清”的视觉效果和心理感受，白石与清泉，相得益彰。

（二）活

有了“清”作为前提，还要求水“活”。所谓“活”，是指要用流动的水。苏东坡的诗《汲江煎茶》描写了诗人月夜江边汲水煎茶的细节，在月色朦胧中用大瓢将江水取来，当夜使用活火烹饮，方能煎得好茶，真是经验之谈。

（三）轻

这是古人选取泡茶用水的一条标准。在现代科学中，运用化学分析的方法，将每毫升含有 8 毫克以上钙、镁离子的水称为硬水，钙、镁离子含量不到 8 毫克的称为软水，而硬水重于软水。实验证明，用软水泡茶，色、香、味俱佳；用硬水泡茶，则茶汤变色，香味也大为逊色。古人凭感觉与长期饮水体验，认为水轻为佳，这与现代科学一致。

（四）甘

水是用来喝的，最终要求还是要有滋味，宋代诗人杨万里有“下山汲井得甘冷”之句，可谓一言知之。古人品水味，尤崇甘冷或甘冽。所谓“甘”就是水一入口，舌与两颊之间会产生甜滋滋的感觉，选取此类水泡茶能助茶味。

（五）冽

冽就是冷、寒。古人认为寒冷的水，尤其是冰水、雪水，滋味最佳。这个看法也自有依据，水在结晶过程中，杂质下沉，结晶的冰相对而言比较纯净。至于雪水，更为宝贵。古人凭感觉获得这条宝贵经验，称雨水、雪水为天泉。不过在当代工业化的环境下，由于污染的原因，雨水和雪水已经不再用来泡茶了。

二、各类水的特点

江河湖海之水、雨水、雪水、自来水，我们每天接触各种各样的水，水质能直接影响茶汤的品质。那么，哪些水是适合泡茶的水呢？

（一）自来水

住在城里的人都熟悉这种水。其实，这多是地下水，只是经过水厂净化消毒处理，水质发生了变化，通常都是符合饮水标准的。自来水一般属于硬水或者暂时性硬水。家里养鱼的人会有这样的体会，卖鱼者会千叮咛万嘱咐用自来水养鱼时，一定要静置两天，这是为了让水质发生变化，更适合鱼类的生长。家里烧水的壶时间长了会积累一层厚厚的水垢。无论是静置还是烧开，都是为了把消毒的自来水氯离子去除。所以，用自来水泡茶叶的话，茶中的多酚类物质氧化，影响其汤色，损其茶味。

虽然自来水不是泡茶的首选，但是自来水用起来很方便，因此，我们可以稍加处理以后再泡茶。首先，我们可以将自来水储于缸或者水桶中，静置 24 小时，待氯气自行挥发消失，即可煮沸泡茶。其次，延长煮沸时间，然后离火静放一会儿，自来水煮沸后，既能使钙、镁、铁、铝离子等杂质沉淀，又能释放水中的氯气和氧气。最后，采用磁水器、纯水器，达到软化水质的目的。采用软化后的较纯净的自来水泡茶，自然也是适宜的。如今，也有采用活性炭吸附的方式除去自来水中氯及其他杂质的方法。用这种方法处理后的自来水也是泡茶的理想用水。

（二）泉水

陆羽《茶经·五之煮》中记载："其水，用山水上，江水中，井水下。其山水，拣乳泉石地慢流者上。"他认为用出于乳泉、石地水流缓慢的水来煎茶，是最合适的。像瀑布般汹涌湍急的水，流蓄在山谷中澄清而不流动的水，都不能使用。泉水出自岩石重叠的山峦，山上植被繁茂，从山岩断层涓涓汇集而成的泉水，不但富含各种对人体有益的微量元素，而且经过沙石过滤，水质清澈晶莹，含氯化物极少。因此，用这种水沏茶，总能使茶的色、香、味、形得到最大的发挥。

泉水涌出地面之前为地下水，经过地层反复过滤，涌出地面的时候，水质清澈透明，沿溪涧流淌，又吸收空气，增加氧含量，并在二氧化碳的作用下，溶解岩石和土壤中的钠、钾、钙、镁等元素，变得比较有营养。我国的名泉有江苏镇江的冷泉、无锡惠山的惠泉、苏州虎丘的观音泉和杭州的虎跑泉。但也并不是所有的泉水都可以用来泡茶，如硫黄矿泉水是不能用于沏茶的。而且，泉水也不是随处可得的，我们不可能为了喝茶跑到几千里以外去取泉水。因此，对于大多数茶客来说，只能视条件和可行性来选择泡茶用水了。有些矿泉水也可以达到泉水的效果。

（三）江、河、湖水

这些水都是地面水，如果从养生角度来看，所含矿物质不多，通常有较多的杂质，浑浊度大，受污染较重，情况较复杂，所以这类水不是泡茶的理想之水。但是，《茶经》中有这样一句话："其江水，取去人远者。"也就是在远离人烟，污染较少的地方汲取江水，用来泡茶也是适宜的。镇江的焦山汲江楼上有郑板桥的茶联："汲来江水烹新茗，买尽青山当画屏。"

（四）雪水、雨水

《红楼梦》里有用雪水泡茶的描写，而雪水也被古人誉为"天水"，深受古代文人茶人的喜爱。这是因为，雨雪等自然之水比较纯净，虽然在降落的过程中会碰上尘埃和氮、氧、二氧化碳等物质，但含盐量和硬度都很小，冲泡出来的茶汤色鲜亮，香味俱佳，饮后余韵不绝。但是也不可一概而论，如梅雨季节，和风细雨，有利于微生物滋长，泡出的茶品质较次。夏季雷雨常伴飞沙走石，水质不净，泡茶茶汤浑浊，不宜饮用。我们的生活环境跟古代有着很大不同，在现代工业化的环境下，曾经的"天水"已经不再适合用来泡茶了。

（五）井水

井水属于地下水，悬浮物质较低，透明度较高，但由于地层的渗透过程中融入较多的矿物质和盐类，因而含盐量和硬度比较大，特别是城市井水，水源往往受到污染。用这种水泡茶，会损害茶味。一般来说，也是不宜的。但是也不可一概而论，有些井水水质甘美，是泡茶的好水。湖南长沙城内著名的白沙井之水是从砂岩中涌出的清泉，水质好，而且终年长流不息，取之泡茶，香味俱佳。井水好不好，要看周围的环境，环境佳，深而多汲的井水，取之泡茶还是不错的。

总之，没有一种水适合所有茶品，也没有一种茶适合所有水品。而且，好水与适合泡茶的水并不是一个概念，有些很有名的水品单喝很好，但泡茶效果并不好。如果是一般性地品茶，只要用水洁净、甘甜、清冽、无异味即可。若是名茶鉴赏，最好是用所品茶产地的山泉水。

小贴士

有人曾做过试验，相同的西湖龙井、越毛红、温炒青，分别用虎跑泉、雨水、西湖水、自来水、井水冲泡，茶的香气、滋味、汤色高下区别明显。其中以虎跑泉为最佳，井水最差。决定水质好坏的主要因素是水的硬度，即指溶于水里的钙、镁含量高低，水质硬度高，茶汤浸出液的透过率就会降低，而且茶汤泛黄，茶色浑浊，还会使茶的滋味变淡，香气减少。目前市场上推出的纯净水，就是泡茶的好水。对茶的滋味影响最大的是多酚类物质，据测试，用纯净水煮沸泡茶，能溶出6.3%的酚类物质，而用硬度为30度的水泡茶，只能溶出4.5%的酚类物质。这就是纯净水溶解度大、渗透力强和溶氧性高的原因。茶叶中含有的其他物质如氨基酸、咖啡因等，如果水的硬度高，其浸出性亦都降低。想要品尝一杯好茶，就必须在选水上下点功夫。

实践操作

水温的控制

有些人喝茶，喜欢将茶放在沸水中煮，其实，茶叶只适宜冲泡，并不适合煮。因为茶叶中含有鞣酸，在高温情况下，鞣酸会过多地溶出，维生素C也被破坏了。这样煮出来的茶叶，不仅味道苦涩，还降低了营养价值。

在冲泡茶叶时，水温也是很讲究的。科学试验证明，泡茶水温对茶叶品质影响较大，茶叶中的维生素C在70℃以上水温时会受到破坏，而茶多酚和咖啡因在水温70℃时最容易溶出。一旦水温达到95℃以上，就会破坏茶叶中某些维生素、氨基酸类等营养成分，同时有害物质增多，还会产生苦涩味；而水温过低，处于70℃以下时又难以使这些营养物质溶出。因此，冲泡茶叶的水温以80℃为好，此时茶汤色、香、味、形和茶叶内含物的浸出率最佳。当然，这里需要的80℃的水，是指将水烧开之后（水温达100℃），再冷却至所要求的温度；如果是无菌生水，则只要烧到所需的温度即可。

（一）冲泡各类茶叶的适宜水温

俗话说："老茶宜沏，嫩茶宜泡。"当然，并不是所有的茶叶所要求的水温都千篇一律，不同的茶叶对水温有不同的要求。

高级绿茶，特别是各种芽叶细嫩的名茶，水温一般以80℃左右为宜。茶叶愈嫩、愈绿，冲泡水温要愈低，这样泡出的茶汤一定嫩绿明亮，滋味鲜爽，维生素C也较少受到破坏。水温若过高，不仅茶汤容易变黄，滋味较苦，而且茶中的咖啡因容易浸出，维生素C被大量破坏。

各种花茶、红茶和中、低档绿茶，则要用100℃的沸水冲泡。如水温低，则渗透性差，茶中的有效成分浸出较少，茶味淡薄。

泡饮乌龙茶和普洱茶，每次用茶量较多，而且茶叶较老，必须用100℃的沸水冲泡。有时为了保持和提高水温，还要在冲泡前用开水烫热茶具，冲泡后在壶外淋开水。

（二）冲泡不同等级茶叶的适宜水温

冲泡茶叶的水温，要看水的质量和茶叶的等级。如果水质较好，烧开即可泡茶，过沸会损失水中对人体有益的微量元素，使茶汤失去香味；若水质不佳，就要多煮一会儿，使杂质沉淀。所谓沏，就是用刚烧开的水；所谓泡，就是用热水瓶中的水。从科学的角度来讲，用温度很高的水沏茶，会破坏茶叶中的维生素C，但水温过低又不易使茶叶香味溢出。为两全其美，若品饮高级、细嫩的绿茶，水温最好是80～90℃。若是特别嫩的茶，泡茶时水温还可以再低一些。其他中、低档茶，可用100℃的滚水冲泡。至于红茶、花茶，则宜用刚煮沸的水冲泡，并加以杯盖，以免释放香味。

实训安排

实训项目	掌握泡茶水温
实训要求	（1）掌握各类茶叶的最佳冲泡水温 （2）熟悉泡茶用水的特点
实训时间	90分钟
实训场所与工具	（1）可以进行茶叶鉴别的茶艺实训室 （2）多媒体教室、各类茶具、铁观音、祁门红茶、日照绿茶、温度计
实训方法	示范讲解、分组练习、小组讨论

实训步骤及要求：

（1）教师展示并讲解冲泡各类茶叶的最佳冲泡水温。

（2）学生分组练习、品鉴。

（3）学生完成实训报告。

实训报告单

实训项目　　　　班级　　　　组别　　　　姓名　　　　学号

序号	名称	特点		
		80℃	90℃	100℃
1	铁观音			
2	祁门红茶			
3	日照绿茶			

任务总结

“水为茶之母”，茶性是否得到充分发挥，在很大程度上取决于水。选择什么水，怎样控制水温，便成了影响泡茶质量的另一关键因素。一般来说，选择杂质少、营养物质丰富的水泡茶为宜。水温则依据茶叶类别和等级来控制。

任务4 掌握浸泡时间与冲泡频次

知识目标

熟悉影响冲泡时间与频次的因素

实训目标

掌握各类茶的冲泡时间和频次

任务导入

想要泡得一壶好茶，茶叶浸泡时间和冲泡的频次是十分关键的因素。要想使茶叶中的营养物质充分浸出，浸泡时间是越长越好吗？

知识准备

一、影响茶叶浸泡时间的因素

（一）茶中有效成分的利用

茶叶内所含有的有效成分能够利用多少，与茶叶浸泡时间关系很大。根据研究测定，茶叶经沸水冲泡后，首先从茶叶中浸提出来的是维生素、氨基酸、咖啡因等，一般浸泡到3分钟时，上述物质在茶汤中已有较高的含量。这些物质的存在，使茶汤喝起来有鲜爽醇和之感，但不足的是缺少茶汤应有的刺激味。随着茶叶浸泡时间的延长，茶叶中的茶多酚类物质陆续被浸提出来，一般当茶叶浸泡到5分钟时，茶汤中的多酚类物质已相当高了。这时的茶汤，喝起来鲜爽味减弱，苦涩味等相对增加。因此，要泡上一杯既有鲜爽之感，又有醇厚之味的茶，对一般普通等级的红茶、绿茶来说，浸泡3～4分钟后饮用，就能获得最佳的味感。

（二）茶叶的老嫩和加工方式

茶叶中各种物质在沸水中浸出的快慢，还与茶叶的老嫩和加工方式有关。一般来说，细嫩的茶叶比粗老的茶叶，茶汁容易浸出，浸泡时间宜短些；反之，则要长些。疏松型的茶叶比紧压型的茶叶，茶汁容易浸出，浸泡时间宜短些；反之，则要长些。碎末型的茶叶与完整型的茶叶相比，茶汁容易浸出，浸泡时间宜短些；反之，则要长些。所以与普通茶叶相比，高级细嫩名茶，不但用茶量可适当减少，还应浸泡时间短、泡后不加盖。

对于注重香气的茶叶，如乌龙茶、各种花茶，泡茶时，为了不使茶香散失，需要加盖，冲泡时间不宜长，通常 2～3 分钟就可以了。至于紧压茶，如各种砖茶，不重香气，只求滋味，所以，一般采用煎煮方法烹茶，甚至采用长时间炖茶的方式，以适应边疆民族随时取饮的习惯。红茶中的红碎茶，多用来调制奶茶；绿茶中的颗粒绿茶，多用来制成袋泡茶。它们在加工过程中经充分揉捻切细，一经沸水冲泡，茶汁几尽，因此，浸泡时间宜短，而且一般只能冲泡一次。白茶冲泡时，一般 4～5 分钟后，浮在水面上的茶叶才开始下沉。这时，品茶者应以欣赏为主，观茶形，察沉浮，从不同的茶姿、颜色中使自己的身心得到愉悦。一般到 10 分钟，方可品饮茶汤。否则，不但失去了艺术的享受，而且饮起来淡而无味。由于白茶加工未经揉捻，细胞未曾破碎，茶汁很难浸出，所以浸泡时间需相对延长。

二、茶叶冲泡频次

茶叶能冲泡多少次，应根据茶叶种类和饮茶方式而定。据试验测定，这类茶第一次冲泡后，其茶汤中的水浸出物大约可占茶叶可溶物的 55%，第二次一般为 30%左右，第三次一般为 10%，第四次只有 1%～3%。从主要营养成分而言，茶叶中的维生素 C 和氨基酸，经第一次冲泡后，已有 80%左右被浸出；第二次冲泡后，95%以上被浸出。其他一些主要的药效成分，如茶多酚、咖啡因等，也都是第一次浸出量最多，经三次冲泡后，已几乎全量浸出。

在初制过程中把茶叶切碎，茶叶就容易冲泡出来，如各种袋泡茶和红碎茶，因为这类茶中的内含成分很轻易被沸水浸出，一般都是冲泡一次就将茶渣滤去，不再重泡。

红茶、绿茶、花茶的茶汁浸出较慢，通常可浸泡 2～3 次。乌龙茶在冲泡时投叶量大，茶叶粗老，可以多泡几次。乌龙茶名品铁观音可以冲泡 7 次，有“七泡有余香”的美誉。白茶和黄茶，一般只能冲泡 1 次，至多冲泡 2 次。普洱茶陈茶则由于内含物质丰富，可以冲泡 10 次以上，老茶头甚至可以冲泡 25 次。

实训安排

实训项目	掌握冲泡时间与频次
实训要求	（1）掌握各类茶叶的冲泡时间 （2）掌握各类茶叶的冲泡频次
实训时间	90 分钟
实训场所与工具	（1）可以进行茶叶鉴别的茶艺实训室 （2）多媒体教室、各类茶具、老茶头、铁观音、日照绿茶、秒表
实训方法	示范讲解、分组练习、小组讨论

实训步骤及要求：

（1）教师展示并讲解冲泡各类茶叶的最佳冲泡时间和频次。

（2）学生分组练习、品鉴。

（3）学生完成实训报告。

实训报告单

实训项目　　　　　　班级　　　　组别　　　　姓名　　　　学号

序号	名称	特点		
		30 秒	2 分钟	5 分钟
1	日照绿茶			
2	铁观音			
3	老茶头			
序号	名称	特点		
		1 次	5 次	8 次
1	日照绿茶			
2	铁观音			
3	老茶头			

任务总结

浸泡时间与冲泡频次是影响泡茶质量的又一关键因素。总体来说，浸泡时间和冲泡频次都与茶叶的加工方式、老嫩程度及茶叶中有效成分的利用有着密切关系。这些冲泡的知识与技巧是在不断的实践中逐步积累的，所谓“纸上得来终觉浅，绝知此事要躬行”，正是如此吧。

任务 5　了解行茶动作

知识目标

熟悉行茶原则和禁忌

实训目标

熟练掌握基本行茶动作

任务导入

炎炎酷日，喝上一口茶水，不仅可以消除干渴疲乏，而且还能拉近茶友彼此间的距离，促进相互间的情感交流。但并不是简单地倒杯开水，随意丢几片茶叶就算是泡茶了。泡茶还包含了如何泡茶、端茶、接茶等多重礼节，它不仅能体现出一个人的人品，同时也能反映出人与人的一种情感信息。那么在泡茶中要注意什么呢？

知识准备

一、走相

若是女性茶艺人员，行走时脚步须成一直线，上身不可摇摆扭动，以保持平衡。同时，双肩放松，下颌微收，两眼平视，并将双手虎口交叉，右手搭在左手上，提放于胸前，以免行走时摆幅过大。若是男性茶艺人员，双臂可随两腿的移动，做小幅自由摆动。当来到客人面前时应稍倾身，面对客人，然后上前完成各种冲泡动作。结束后，面对客人，后退两步倾身转弯离去，以表示对客人的恭敬。

二、站相

站立时需做到双腿并拢，身体挺直，双肩放松，两眼平视。女士应将双手虎口交叉，右手贴在左手上，并置于胸前；男士同样应将双手虎口交叉，但要将左手贴在右手上，置于胸前，而双脚可呈外八字稍微分开。上述动作应随和自然，避免生硬呆滞。

三、坐相

冲泡者坐在椅子上，要全身放松，端坐中央，使身体重心居中，保持平稳。同时，双腿并拢，上身挺直，切忌两腿分开，或一腿搁在另一腿上，不断抖动。另外，应头部上顶，下颌微收，鼻尖对向腹部。如果是女士，可将双手手心向下上下相搭，平放于两腿之间；而男士则可将双手手心向上平放于左右两边大腿的前方。

四、泡茶动作

茶艺人员泡茶动作要从容优雅、井井有条。放取物件手要轻，动作要连贯。在进行注水、斟茶、温杯、烫杯等动作时单手回旋，右手必须按逆时针方向，左手按顺时针方向，表示对客人的欢迎，反之则暗示赶客人走的意思。放置茶壶时壶嘴不能正对客人，否则表示请客人离开。俗话说“茶满欺客”，斟茶时只斟七分满，暗喻“七分茶三分情”之意。

小贴士

现代斟茶礼仪

（1）先说出准备好的茶的种类，然后问喝什么茶。

（2）茶一定要放在盘子上拿到客人面前。

（3）摆桌的时候先把盘子放在桌子上，用两手拿茶杯垫放在客人面前。

（4）摆茶杯的时候茶杯的把手放到客人的右侧。

（5）茶勺的把柄朝客人的右侧放在客人面前。

（6）客人喝完茶后及时把杯子拿走。

（7）不给客人看到自己的背部。

实训安排

实训项目	行茶动作训练
实训要求	（1）能够熟练掌握行茶动作基本要领 （2）能够熟练掌握茶艺礼仪
实训时间	90 分钟

续表

实训场所与工具	（1）可以进行茶叶鉴别的茶艺实训室 （2）多媒体教室、各类茶具
实训方法	示范讲解、分组练习、小组考评

实训步骤及要求：

（1）教师展示茶艺基本礼仪。

（2）教师展示行茶动作规范。

（3）指导学生分组练习、互相考评。

（4）学生完成实训报告。

实训报告单

实训项目　　　　　　　　班级　　　　　组别　　　　　姓名　　　　　学号

序号	内容	考核要求	评分标准	配分	扣分	得分
1	走相	保持平衡	身体摇晃，扣5分； 手臂摆幅过大，扣5分； 脚步不在一条直线，扣5分； 双眼不平视，扣5分； 走姿不自然，扣5分	25		
2	站相	双腿并拢，身体挺直	双腿不并拢，扣5分； 身体不挺直，扣5分； 双肩紧张，扣5分 双眼不平视，扣5分； 站姿生硬，扣5分	25		
3	坐相	全身放松，端坐中央	双腿交叉，扣5分； 双腿抖动，扣5分； 双腿不并拢，扣5分； 身体不挺直，扣5分； 坐姿不自然，扣5分	25		
4	动作	举止大方，动作优美、自然，不生硬死板	双手交叉，扣5分； 动作过快，扣5分； 动作生硬，扣5分 动作不连贯，扣5分； 动作整体不协调，扣5分	25		
合计				100		

考评员签字

任务总结

在泡茶过程中除了掌握良好的泡茶技艺之外，还要懂得良好的泡茶礼仪及优雅、得体的行茶动作。行茶动作一般讲究柔、慢、轻，只有掌握了得体的行茶动作礼仪，才能更好地展现茶的韵味和茶人的风采。

项目五　品 饮 茶 叶

任务 1　了解茶与健康

知识目标

熟悉茶中的营养成分

实训目标

了解喝茶的益处

任务导人

饮茶属于传统饮食文化，同时，现代生物化学和医学研究表明，茶的化学成分极其丰富，其主要成分有粗蛋白、粗纤维、咖啡碱、鞣酸、多种氨基酸和微量元素等；饮茶不仅能生津止渴，而且有极好的营养保健功效。其中，茶单宁能抑制脂肪过氧化、延缓细胞老化；维生素 E 和微量元素硒是天然的抗氧化剂，有抗肌体衰老的功能；叶皂素和芳香族化合物具有溶解、消化脂肪和消除口臭的作用；维生素和咖啡碱可以降血脂。绿茶和红茶还具有防癌等功能。下面我们就一起来看看喝茶对于人体健康有哪些益处。

知识准备

一、喝茶对健康的益处

（一）喝茶可以减肥

茶叶中所含的儿茶素、胆甾烯酮、咖啡碱、肌醇、叶酸、泛酸等多种成分，在综合作用下，有预防和抑制肥胖的功效。在日本，中国的乌龙茶特别受欢迎。因为乌龙茶分解脂肪的作用较强，可以帮助解除油腻，帮助消化，有减肥作用。有医学研究证实，常饮云南产的普洱茶，可降低人体中的三酸甘油酯和胆固醇。当代女性讲究形体美，她们把普洱茶称为“减肥茶”。法国医生用普洱茶做了实验，被试每人每天饮三杯普洱茶，坚持一个月，结果有的体重减轻了，有的血脂降低了。法国医生还用云南沱茶对 40 名男女肥胖者进行实验，让他们每日早、午、晚各饮一杯沱茶，连用一个月后，有 40%以上人的体重有不同程度的减轻。这是法国人喜欢喝云南茶的一个原因。根据茶具有减肥的作用，茶叶成为“减肥茶”“健美茶”的主要原料。

（二）喝茶可预防蛀牙

饮茶或用茶漱口、刷牙，不但能除口臭，还可防治龋齿。据报道，茶叶在预防龋齿方面具有功效，饮茶、用茶汤漱口、刷牙，或者用含茶的牙膏均可，但以茶汤刷牙为最好。这是因为茶中含有氟，氟离子与牙齿的钙质有很大的亲和力，能变成一种较难溶于酸的"氖磷灰石"，就像给牙齿加上一个保护层，提高了牙齿的防酸抗龋能力。利用茶防龋是牙齿保健的途径之一。因此，可在儿童中推广用茶汤漱口、刷牙和饮茶。在低氟地区，可以提倡饮用一般低档茶（高档茶和名茶含氟量较低），可以防止龋齿。每人每天饮用 10 克茶叶冲泡的茶汤，即可满足人体对氟的需要。含氟量较高的茶叶有福建乌龙茶、云南滇红、浙江龙井茶、江西茉莉花茶和贵州茯砖等。

（三）茶有预防心血管疾病的作用

饮茶对心血管疾病如高血压、胆固醇也有一定预防作用。有研究者对 80 名高血压患者进行临床试验，结果有 30 名患者经用绿茶进行五天治疗后，有的血压下降，有的恢复到正常；有人还对喝茶与冠心病的关系进行了研究，分为不喝茶、偶尔喝茶、常喝茶三个组，发现不喝茶的冠心病发生率为 3.1%，偶尔喝茶者患病率为 2.3%，常喝茶者为 1.4%。由此可以看出喝茶对预防冠心病的效果。

（四）茶叶是肠道疾病的良药

医圣张仲景说："茶治便脓血甚效。"现代医学研究证实，茶是肠道疾病的良药。茶中的多酚类物质，能使蛋白质凝固沉淀。茶多酚与单细胞的细菌结合，能凝固蛋白质，将细菌杀死。如把危害严重的霍乱菌、伤寒杆菌、大肠杆菌等，放在浓茶汤中浸泡几分钟，多数会失去活动能力。因此，中医和民间常用浓茶或以绿茶研末服之，治疗痢疾、肠炎等肠道疾病。方法是茶叶 3 克，水一碗，煎服，一日三次；或用浓茶一杯，醋 20 毫升，混合服下，一日三次；也可用茶叶、荠菜花各 15 克，煎服，一日三次，饭前服用。另外，用水泡茶时，如果饮用水不洁，茶叶能吸收水中的杂质，并使之沉淀，有净化、消毒作用，这对预防肠道传染病有好处。

二、茶中的有益成分

为什么茶能有那么多的作用呢？我们一起来看看茶的物质构成。

（一）茶多酚

茶多酚的药用价值已经被很多医学机构所证实。茶的水溶性物质含量中 30%为茶多酚，是茶叶中含量最多的物质。茶多酚由儿茶素、黄酮化合物、花青素和酚酸构成。它有很好的抗氧化、抗细胞突变、抗病毒的作用，有抑制动脉硬化、解毒、抗癌、抗辐射、降血糖和降血压的作用。

（二）生物碱

其主要成分是咖啡因，占茶叶物质含量的 2%～4%。它能起到兴奋中枢神经、消除疲劳、利尿和强心的作用。

（三）脂多糖

脂多糖占茶叶物质含量的 3%，它能增强人体的非特异性免疫力，有抗辐射、降血糖、改造血液循环的作用，对防治由于辐射引起的白细胞下降有良好的作用，所以经常用电脑的人多喝点茶是有好处的。

（四）香气物质

茶叶中含有 700 多种香气成分，这些香气物质对人体能起到镇静、镇痛、安眠、抗菌、杀菌和除臭的作用。

（五）多种维生素

茶叶中含有多种维生素，对人体十分有益（表 5-1）。

表 5-1 茶中含有的各种维生素对人体的功效

种类	名称	作用
水溶性维生素	维生素 C	对心脑血管疾病、败血症有较好的辅助治疗效果，还能抗氧化和防衰老
	维生素 B_1	能维持神经系统、肌肉和心脏的正常工作
	维生素 B_2	能防止口腔溃疡
	维生素 P	能增强血管的弹性和畅通，对高血压有一定的辅助治疗作用
脂溶性维生素	维生素 A	对眼睛有很好的保健作用
	维生素 E	能维护人体生殖机能的正常发育
	维生素 F	能防止血液中胆固醇的沉积，促进头发和皮肤的生长，促进钙质的利用，转化饱和性脂肪酸，对防止肥胖有一定的帮助
	维生素 K	能止血

脂溶性维生素光靠喝茶是无法获取的，但是可以通过食用茶菜和茶粥，或者食用茶叶本身来获取。这些脂溶性物质在茶梗里的含量最高，在烹制茶菜的时候不宜将茶梗都舍弃。

另外，茶叶中还含有丰富的矿物质：钾、磷、铁、硒、锰、氟，除此之外，茶叶还含有人体新陈代谢所必需的三大物质：蛋白质、氨基酸和碳水化合物。可见茶叶对我们人类来说是不可多得的宝贝，长期喝茶、吃茶能对人体起到很好的保健作用。

实训安排

完成下列题目。

1．茶叶中的（　　）是著名的抗氧化剂，具有防衰老的作用。

A．维生素 A　　B．维生素 B　　C．维生素 H　　D．维生素 E

2．茶叶中的（　　）具有降血脂、降血糖、降血压的药理作用。

A．氨基酸　　B．咖啡因　　C．茶多酚　　D．维生素

3．引发茶叶变质的主要因素有（　　）等。

A．二氧化碳　　B．氮气　　C．氧气　　D．氦气

4．茶叶中含有（　　）多种化学成分。

A．400　　B．500　　C．700　　D．800

5．过量饮浓茶，会引起头痛、恶心、（　　）、烦躁等不良症状。

A．龋齿　　B．失眠　　C．糖尿病　　D．冠心病

任务总结

茶中含有大量对人体有益的营养成分，特别是其中的蛋白质、维生素、矿物质和微量元素是一般植物性食品不可比拟的。但是，茶叶加工过程中的某些步骤会使氨基酸、维生素等营养素遭到破坏。茶叶中许多营养素不能或基本不能溶解于茶液之中，营养得不到发挥，所以，有必要在传统的饮用茶的基础上，扩大茶叶食用范围，更好地造福人类。

任务 2　学会科学饮茶

知识目标

掌握四季适宜饮用的茶类及原因

了解喝茶禁忌

实训目标

懂得科学饮茶

任务导人

饮茶是我国传统饮食文化，茶中含有多种有益物质，可以对人体起到很好的保健作用。但喝茶并不是喝得越多越好，也不是所有的人都适合喝茶。那么，在喝茶时要注意什么呢？

知识准备

一、喝茶的季节性讲究

喝茶，四季有别，即春饮花茶，夏饮绿茶，秋饮青茶，冬饮红茶。春季饮花茶，可以散发一冬积存在人体内的寒邪，浓郁的香茶，能促进人体阳气发生。夏季，以饮绿茶为佳。绿茶性寒味苦，可以清热、消暑、解毒、止渴、强心。秋季，饮青茶为好。此茶不寒不热，能消除体内的余热，恢复津液。冬季，饮红茶最为理想。红茶味甘性温，含有丰富的蛋白质，能助消化，补身体，使人体强壮。

（一）春饮花茶

我国大部分地区是季风气候，春温、夏热、秋凉、冬寒，四季极为分明。在春天，

春风送暖，阳气生发，给万物带来了生机，但这时人们却普遍感到困倦乏力，表现为春困现象。喝花茶能缓解春困带来的不良影响。花茶甘凉而兼芳香辛散之气，有利于散发积聚在人体内的冬季寒邪、促进体内阳气生发，令人神清气爽，可使“春困”自消。

小贴士

花茶是集茶味之美、鲜花之香于一体的茶中珍品。“花引茶香，相得益彰”，它是利用烘青毛茶及其他茶类毛茶的吸味特性和鲜花的吐香特性，将茶叶和鲜花拌和窨制而成，以茉莉花茶最为有名。这是因为，茉莉花香气清婉，入茶饮之浓醇爽口，馥郁宜人。高档花茶的泡饮，应选用透明玻璃盖杯，取花茶3克，放入杯里，用初沸开水稍凉至90℃左右冲泡，随即盖上杯盖，以防香气散失。两三分钟后，即可品饮，顿觉芬芳扑鼻，令人心旷神怡。

（二）夏饮绿茶

夏日炎热，骄阳似火，人在其中，挥汗如雨，人的体力消耗很多，精神不振，这时以品绿茶为好。因绿茶属未发酵茶，性寒，“寒可清热”，最能去火，生津止渴，消食化痰，对口腔和轻度胃溃疡有加速愈合的作用。而且它营养成分较高，还具有降血脂、防血管硬化等药用价值。这种茶冲泡后水色清冽，香气清幽，滋味鲜爽，夏日常饮，清热解暑，强身益体。

小贴士

绿茶中的珍品，有浙江杭州狮峰的龙井，汤色碧绿，清香宜人，被誉为“中国绿茶魁首”；江苏太湖碧螺春，茶色碧翠嫩绿，香气浓郁；安徽黄山毛峰，茶味清香。冲泡绿茶，宜取90℃开水泡之，高级绿茶和细嫩的名茶，其芽叶细嫩，香气也多为低沸点的清香型，用80℃开水冲泡即可，冲泡时不必盖上杯盖，以免产生热闷气，影响茶汤的鲜爽度。

（三）秋饮青茶

秋天，天高云淡，金风萧瑟，花木凋落，气候干燥，令人口干舌燥，嘴唇干裂，中医称为“秋燥”，这时宜饮用青茶。青茶，又称乌龙茶，属半发酵茶，介于绿茶、红茶之间。色泽青褐，冲泡后可看到叶片中间呈青色，叶缘呈红色，素有“绿叶红镶边”的美称，既有绿茶的清香和天然花香，又有红茶醇厚的滋味，不寒不热，温热适中，有润肤、润喉、生津、清除体内积热，让机体适应自然环境变化的作用。

小贴士

常见的乌龙茶名品有福建乌龙、广东乌龙、台湾乌龙，以闽北武夷岩茶、闽南安溪铁观音为著名。乌龙茶类很多以茶树品种而分，有铁观音、奇兰、梅占、水仙、桃仁、毛蟹等。乌龙茶习惯浓饮，注重品味闻香，冲泡乌龙茶需100℃沸水，泡后片刻将茶壶里的茶水倒入茶杯里，品时香气浓郁，齿颊留香。

（四）冬饮红茶

冬天，天寒地冻，万物蛰伏，寒邪袭人，人体生理功能减退，阳气渐弱，中医认为："时届寒冬，万物生机闭藏，人的机体生理活动处于抑制状态。养生之道，贵乎御寒保暖。"因而冬天喝茶以红茶为上品。红茶甘温，可养人体阳气；红茶含有丰富的蛋白质和糖，生热暖腹，增强人体的抗寒能力，还可助消化，去油腻。红茶类在加工过程中经过充分发酵，使茶鞣质氧化，故又称全发酵茶。茶鲜叶经过氧化后形成红色的氧化聚合产物——茶黄素、茶红素、茶褐素，这些色素一部分溶于水，冲泡形成了红色茶汤。

小贴士

传统工夫红茶名品有湖红、宜红、宁红、闽红、台红、祁红，以安徽祁门县的祁红最为著名。冲泡红茶，宜用刚煮沸的水冲泡，并加以杯盖，以免释放香味。英国人普遍有饮"午后茶"的习惯，常将祁红和印度红茶拼配，再加牛奶、砂糖饮用。在我国一些地方，也有将红茶加糖、奶、芝麻饮用的习惯，这样既能生热暖腹，又可增添营养，强身健体。

二、喝茶有量

讲究喝茶有量，每日饮茶2～6克。虽然茶叶中含有多种维生素和氨基酸，饮茶对于清油解腻、增强神经兴奋及消食利尿具有一定的作用，但并不是喝得越多越好，也不是所有的人都适合饮茶。一般来说，每天1～2次，每次2～3克的饮量是比较适当的。患有神经衰弱、失眠、甲状腺功能亢进、结核病、心脏病、胃病、肠溃疡的病人都不适合饮茶，哺乳期及怀孕妇女和婴幼儿也不宜饮茶。

三、喝茶的禁忌

（一）不饮过浓茶

浓茶会使人体"兴奋性"过度增高，对心血管系统、神经系统等造成不利影响。有心血管疾病的人在饮用浓茶后可能出现心跳过速，甚至心律不齐，造成病情反复。

（二）睡前不饮茶

临睡前不宜饮茶。这点对于初期饮茶者更为重要。很多人睡前饮茶后，入睡变得非常困难，甚至严重影响次日的精神状态。有神经衰弱或失眠症的人，尤其应当注意。

（三）进餐时不大量饮茶

进餐前或进餐中少量饮茶并无大碍，但若大量饮茶或饮用过浓的茶，会影响很多常量元素（如钙等）和微量元素（如铁、锌等）的吸收。应特别注意的是，在喝牛奶或其他奶类制品时不要同时饮茶。茶叶中的茶碱和丹宁酸会和奶类制品中的钙元素结合成不溶解于水的钙盐，并排出体外，使奶类制品的营养价值大为降低。

（四）酒后不宜饮茶

饮酒后，酒中的乙醇通过胃肠道进入血液，在肝脏中转化为乙醛，乙醛再转化为乙酸，乙酸再分解成二氧化碳和水排出。酒后饮茶，茶中的茶碱可迅速对肾起利尿作用，从而促进尚未分解的乙醛过早地进入肾脏。乙醛对肾有较大刺激作用，所以会影响肾功能，经常酒后喝浓茶的人易发生肾病。不仅如此，酒中的乙醇对心血管的刺激性很大，而茶同样具有兴奋心脏的作用，两者合二为一，更增强了对心脏的刺激，所以心脏病患者酒后喝茶危害更大。

（五）不宜喝新茶

品茶不是越新鲜越好。从营养学角度来讲，最新鲜的茶叶其营养成分不一定是最好的，因为所谓新茶是指采摘下来不足一个月的茶叶，这些茶叶因为没有经过一段时间的放置，有些对身体有不良影响的物质，如多酚类物质、醇类物质、醛类物质，还没有被完全氧化，如果长时间喝新茶，有可能出现腹泻、腹胀等不舒服的反应。同时，新茶中还含有活性较强的鞣酸、咖啡因等，过量饮新茶会使神经系统高度兴奋，可产生四肢无力、冷汗淋漓和失眠等“茶醉”现象。太新鲜的茶叶对病人来说更不好，像一些患有胃酸缺乏的人，或者有慢性胃溃疡的患者，更不适合喝新茶。新茶会刺激胃黏膜，产生肠胃不适，甚至会加重病情。

另外，在日常生活中，人们对茶的认识也存在不少误区，比如，空腹喝茶、喝隔夜茶、饭后马上喝茶、喝头遍茶等，这些喝茶方式都是不科学的，可能会给健康带来隐患。

实训安排

结合自己的实际情况，完成下面的表格。

班级　　　　组别　　　　姓名　　　　学号

序号	名称	项目			
		所属茶类	特点	是否适合你	原因
1	西湖龙井				
2	祁门红茶				
3	安溪铁观音				
4	君山银针				
5	普洱熟茶				
6	普洱生茶				
7	茉莉花茶				

任务总结

茶是对身体有益的，这一点毋庸置疑。但是，每个人身体情况不同，如不同的年龄、性别、身体素质等，茶也是多种多样的，所含的成分也有差别，因此，我们应该根据具体情况选择适合自己的茶叶，并注意饮用的时间和用量，科学饮茶，达到理想的保健效果。

任务3 惬意品茶

知识目标

理解适合品茶的环境

实训目标

懂得营造品茶的氛围

任务导入

琴 茶

（唐）白居易

兀兀寄形群动内，陶陶任性一生间。自抛官后春多梦，不读书来老更闲。

琴里知闻唯渌水，茶中故旧是蒙山。穷通行止常相伴，难道吾今无往还？

知识准备

一、品茶环境的塑造

茶的品饮，除了对茶本身“啜英咀华”外，品茶环境的营造，也是很重要的。亭台轩榭，小桥流水，幽居雅室，便是理想的品茗环境了。品茗环境，通常由园林、建筑物、摆设等几方面组成。一般说来，公共饮茶场所，因层次、格调及饮茶者的目的不一，要求也不一样。凡层次较高的聚会茶宴，不但要求讲究室内摆设，而且也讲究居室、建筑富有特色。所以，我国凡属高档的茶馆、茶室、茶楼等，无一不是按此择址建设的。如北京的“老舍茶馆”，其建筑富有浓郁的清代风格，室内搭有一个戏台，墙上挂有名家书画，周围辅以四时花草，人们可以在茶馆内品饮各地名茶，尝到风味食品，观看曲艺演出。设在车船码头、大道两旁、工厂车间、田间工地的茶水供应点，其目的在于使饮茶者解渴消暑，因此除了要求清洁卫生之外，并无多大讲究。如北方的大碗茶、南方的凉茶等，茶水供应点只需一桶茶水，几个洁净的茶碗（杯），人们在路途疲劳、口渴舌干之际，喝上几碗，既可解倦，又可止渴。因此，尽管这种饮茶方式缺少品饮情趣，但它与现代生活节奏比较合拍，更加贴近人民生活，具有简便实惠的特点，所以受到人民群众的欢迎。至于家庭饮茶，环境是固有的，难以选择，但同样可以营造一个适宜的品茶环境。例如，可以选择在向阳靠窗的地方，配以茶几、沙发、台椅等，窗台上摆设一些盆花或切花，或者把室内的物品放得整洁，窗明几净，尽量做到安静、清新、舒适、干净，同样也能成为令人赏心悦目的品饮场所。

二、从“茶宜”说到“茶禁”

对茶的品饮环境，历代都有众多的叙述。其中说得最详细的要数明代冯可宾的《岕茶笺》。它在“宜茶”中提出适宜品茶的十三个条件，分别如下：一要“无事”：可超凡脱俗，自由自在，悠然自得。二要“佳客”：人逢知己，志同道合，推心置腹。三要“幽坐”：环境幽雅，心平气静，无忧无虑。四要“吟咏”：茶可引思，品茶吟诗，以诗助兴。五要“挥翰”：茶墨结缘，品茗泼墨，可助清兴。六要“徜徉”：青山翠竹，小桥流水，花园小径，胜似闲庭信步。七要“睡起”：一觉醒来，香茶一杯，可清心净口。八要“宿醒”：酒醉饭饱，茶可破醒。九要“清供”：杯茶在手，佐以茶果、茶食，自然相得益彰。十要“精舍”：居室要幽雅，以增添品饮情趣。十一要“会心”：品尝茶中时，深知茶中事，做到心有灵犀。十二要“赏鉴”：精于茶道，会鉴评，懂欣赏。十三要“文僮”：有茶僮侍候，烧水奉茶，得心应手。

与宜茶十三个条件相应的，冯可宾还提出了不适宜品茶的“禁忌”七条，即不利于饮茶的七个条件：一是“不如法”：指烧水、泡茶不得法。二是“恶具”：指茶器选配不当，或质次或玷污。三是“主客不韵”：指主人和宾客，口出狂言，行动粗鲁，缺少修养。四是“冠裳苛礼”，指官场间不得已的被动应酬。五是“荤肴杂陈”：指大鱼大肉，荤油杂陈，有损茶的“本质”。六是“忙冗”：指忙于应酬，无心赏茶、品茶。七是“壁间案头多恶趣”：指室内布置零乱，垃圾满地，令人生厌，俗不可耐。

以上的宜茶十三条和禁忌七条，归纳起来，就是品茶的四个方面，即品饮者的心理素质、茶的本身条件、人际间的关系及周围自然环境。从古到今，我国都十分重视品茗环境，认为人与自然应成为和谐的一体。一个有修养的人，就要把握好自然，使人的生命活动与自然的环境条件相契合。饮茶，特别是品茶，既是物质享受，又含艺术欣赏，这样，对自然环境必然有所选择，使心与大自然相互感应，从而使茶的品饮达到忘我、无我的境界。

实训安排

完成下列题目。

1．阅画、赏花、焚香与品茗是古代（　　）的系统。

A．论道　　B．参禅　　C．茶艺　　D．习画

2．品茗赏花插的花称为（　　）。

A．斋花　　B．室花　　C．茶花　　D．轩花

3．在唐朝已出现将（　　）整合的娱乐活动。

A．挂画、插花、焚香、品茗　　B．赋诗、作文、习字、品茗

C．练剑、击拳、擒拿、饮酒　　D．作画、书法、抚琴、对弈

任务总结

品茶是一个享受艺术、感受美的过程。有了佳茗、好水、良器和恰到好处的冲泡技巧，便造就了一杯好茶，如若有了优美、安静、干净、高雅的环境，饮茶就成为一门综合的生活艺术，就能体味茶之韵味，达到修身养性的目的。

任务4 了解茶食与茶点

知识目标

掌握茶食、茶点与茶的搭配原则和方法

熟悉茶食与茶点的特点

实训目标

了解简单茶食的制作方法

任务导入

抹茶原本产生于中国，后来兴盛于日本。多年来，受季节、地域的限制，茶叶市场始终无法发展壮大，中国茶叶市场的消费也一直处于疲软状态，外部大环境导致成本上升、竞争加大；内部的一些负面事件，也影响了市场的消费信心。在这种情况下，一些茶叶生产商为寻求突破，转而寻找新的发展路径，而抹茶作为一种营养价值高、文化意蕴厚，又可作为众多食品配料的角色，受到了一些茶叶生产商的青睐。

知识准备

一、茶食与茶点的概念

茶食是指经过精巧制作，佐以茶饮的食品。一般可分为茶楼里经过烹制的茶食和茶艺馆里的品茗茶食两类。前者往往有“喧宾夺主”之嫌，如广式早茶、杭州一些茶馆的自助茶点，以食为主，许多茶客以填饱肚子为前提。茶叶的冲泡技艺和品饮则退为其次了。而在茶艺馆品茗，茶的品质是最重要的，茶食只扮演了调剂者的角色，主要是为了填补空当和防止空腹饮茶。人类对于茶的应用，经历了生药用、熟吃当菜、烹煮饮用、冲泡饮用的历史阶段。在人类认识茶的原始阶段，人们把茶叶鲜叶放在阳光下晒干，以便随时取用，但干叶吃时难以下咽，人们便将干叶和稻谷放在陶制的釜鼎内熬煮成稀粥食用。而遇下雨天鲜叶无法晒干时，就将摊晾过的叶子压在瓦罐里。过了一段时间，便成了“腌茶”，不用煮，可以直接食用，这可能就是最早的茶菜了。现在西南地区的一些少数民族还保留着远古的吃茶习惯，除了直接咀嚼茶叶外，还将茶叶鲜叶压紧储藏在竹筒里，经自然氧化，茶香溢出，吃时用盐、醋等调味，即成一道凉拌茶菜。

茶点是在茶道中分量较小的精雅的食物，是在茶的品饮过程中发展起来的一类点心。茶点精细美观，口味多样，形小、量少、质优，品种丰富，是佐茶食品的主体。茶点完全随地方民俗、习惯、饮茶者爱好而定，如红茶瓜子、绿茶酥、广东人的早茶、新加坡人的肉骨头茶。俗话说的“甜配绿，酸配红，瓜子配乌龙”是指茶与点的搭配，而干点用碟、湿点用碗、干果用篓、鲜果用盘、茶食用盏，是说喝茶要配有茶点，而且茶点的摆设还讲究协调。

现代科学研究还表明，“吃茶”比“喝茶”具有更好的保健效果。因此，很多国家和地区都非常重视茶食制品的开发。日本早已推出茶末荞麦面、茶末点心及茶末紫菜汤等食品。我国的台湾地区将茶叶碾成粉，经高温杀菌后，与菜粉、海藻粉、果胶粉、盐、糖及各种矿物质、维生素等按一定的配比混合制成茶果冻、茶水羹等多种美味食品。还有一些国家和地区也相继推出茶叶面包、茶巧克力、嫩茶菜肴等。这些茶食品风味独特、口感好，且色、香、味俱全，深受消费者的欢迎。我国其他地区近年来也已开发出茶汽水、茶啤酒、茶点心等茶食制品，但品种还不多，产量也较少。

小贴士

茶 叶 粥

【原料】茶叶10克，粳米50克，白糖适量。

【制作】取茶叶先煮取浓汁约1000克。去茶叶，在茶叶浓汁中加入粳米、白糖，再加入水400克左右，同煮为稀稠粥。

【用法】每日2次，温热食。

【功效】化痰消食，利尿消肿，益气提神。适用于急慢性痢疾、肠炎。

【宜忌】此粥有提神兴奋作用，所以睡前不宜食。产妇哺乳期及习惯性便秘者忌食。

茶 叶 蛋

【原料】鸡蛋若干，红茶末、桂皮、茴香、八角、味精和红酱油适量。

【制作】先将鸡蛋（最好是红壳鸡蛋）洗净，用水煮熟，捞出后轻轻敲打，使蛋壳开裂而不碎。锅中放入红茶末、桂皮、八角、茴香、红酱油和水，投入熟鸡蛋，急火烧沸，然后文火煮半小时，加入味精即成。咸淡程度可调节红酱油加入量，也可加些食盐。

【食法】可做点心，也可上桌做菜肴。居家旅游，男女老少皆宜。

二、茶食与茶点的特点

（一）体现文化内涵

茶点不仅讲究色、香、味、形等感观享受，而且注重茶点的文化内涵。例如，在扬州，根据名著《红楼梦》里的描述制作的“红楼茶点”，品种丰富多样，包括松瓤鹅油卷、蟹黄小娇儿、如意锁片等在内的25个品种，每一个品种的背后都有着丰富的文化内涵，让顾客在品尝的同时，还可以了解到鲜为人知的制作方法和故事典故。比如松子鹅油卷，在《红楼梦》第四十一回“栊翠庵茶品梅花雪”中写到贾母叫大家“随便吃些罢”的点心即为松瓤鹅油卷与藕粉桂糖糕，在第六十二回中又提到了奶油松瓤卷酥。

（二）讲究地域习惯

茶点的地域性主要是源于一方的饮食习惯。例如，福建省的闽南地区和广东省的潮汕地区喜欢饮工夫茶的人很多。泡工夫茶讲究浓、香，所以都要佐以小点心。这些小点心颇为讲究，不仅味道可口，而且外形精雅，大的不过如小月饼一般大小，主要有绿豆茸馅饼、椰饼、绿豆糕等，还有具有闽南特色的“芋枣”，另外还有各种膨化食品及蜜饯。平时家人、朋友在一起品茶、尝点，其乐融融。广东人称早茶为“一盅两件”，即一盅茶，加两道点心。茶为清饮，佐料另备，既可饱腹又不失品茗之趣。

（三）反映时代特征

茶点的发展要有趋时性，反映茶点的时代特征。制茶工艺发展到今日，茶叶已经成为许多特色茶点食品的重要原料。这些茶点又使得饮茶过程平添了些许味觉与乐趣。例如绿茶瓜子，是选用上等的南瓜子加绿茶粉精心制作而成的，肉厚，香脆可口，可以剥开取肉吃，也可整粒含在嘴里。因为加有绿茶粉，含有多种的茶元素，不上火，是休闲时健康的茶食品。再如茶软糖，是选用高级蒸青绿茶与高钙、低脂奶粉精制而成，口感细腻软滑，吃了不粘牙，是高钙、低脂、低热量的绿色茶食品。此外还有茶果冻等，给风云变幻的茶点市场上注入了很多时尚元素。

总之，品茶是要有茶点相配的，正如红花与绿叶相得益彰。一壶上等的茶品，些许佐茶的点心，再加上完全放松的心情，才能品出好茶的韵味。一杯好茶，配上精致的点心，品茶才更有趣味。

三、茶食与茶点的制作原则

（一）要适应茶性

休闲时喝茶，搭配茶食的原则可概括成一个小口诀，即“甜配绿，酸配红，瓜子配乌龙”。所谓“甜配绿”，即甜食搭配绿茶来喝，如用各式甜糕、凤梨酥等配绿茶；“酸配红”，即酸的食品搭配红茶来喝，如用水果、柠檬片、蜜饯等配红茶；“瓜子配乌龙”，即咸的食物搭配乌龙茶来喝，如用瓜子、花生米、橄榄等配乌龙茶。

（二）要有观赏性

茶点与传统点心相比较而言，制作更加精美，注重茶点的色彩与造型，讲究茶点的观赏性。例如水晶蝴蝶饺，晶莹剔透，待饺子蒸熟后快速插上鱼翅翅针制的“蝴蝶须”，惟妙惟肖，正是妙笔，全素的馅料隔着透明的薄皮现出缤纷色彩，令人赏心悦目。再如，传统茶点鲜虾饺在小巧精致的竹制蒸笼里晶莹透亮，鲜活的虾仁露出羞涩的粉红，隐约可见，入口柔韧而富有弹性，由于馅心当中添加了马蹄泥进去，于是在虾仁的滑腻间留住了脆爽，似乎特别为茶客留住了春天；而在鲜虾饺的基础上创新的“绿茵白兔饺”，用瘦肉、鲜虾等做馅料，改制成小白兔的形状，用火腿肉丁做眼睛，再用香菜垫底摆盘，活像一群小白兔在草地嬉戏。

（三）要有品尝性

茶点的品尝重在慢慢咀嚼，细细品味，所以茶点应极富有品尝性。例如，“荔红步步高”便是用荔枝红茶汤混合马蹄粉做成的茶点，红白相间，层层叠叠。先把一部分茶汤、马蹄粉、白糖和炼奶混合做成奶糊，剩下的茶汤与白糖、粉浆煮成茶汤糊，把两种糊分层蒸熟，冷冻后用模具印刻成各种形状。细细咀嚼，口感凉滑，淡雅的荔枝红茶香味流连在口里，配上一杯红茶，回味悠长。再如榴梿酥，其酥皮薄如蝉翼，表面略刷清油，撒几粒芝麻，轻轻咬开外层薄薄的壳，就像吃到了一颗刚剥开的榴梿，榴梿之多出乎意料，浓郁的香味在舌尖上泛起，这榴梿之浓鲜恰好是榴梿酥的妙境。用龙珠花茶叶酥炸成的龙珠香麻卷，是用糯米皮包着瘦肉、虾仁、胡萝卜等馅料卷成“日”字形，再扫上蛋黄、芝麻和龙珠花茶叶，在锅中炸至金黄色而成，茶叶镶嵌在外皮上，星星点点，酥脆易碎，让人唇齿留香。

（四）要有多样性

我国茶点种类繁多，口味多样。就地方风味而言，我国就有黄河流域的京鲁风味、西北风味，长江流域的苏扬风味、川湘风味，珠江流域的粤闽风味等，此外，还有东北、云贵、鄂豫风味及各民族风味点心。茶点的选择空间很大，在“干稀搭配、口味多样”这个总的指导原则下，可以选择春卷、锅贴、饺子、烧卖、馒头、汤团、包子、家常饼、银耳羹等传统点心中的任意数种，也可以运用因茶的品种不同而创新的茶点品种。例如，茶果冻是将果冻精心调入4种不同口味的茶叶（红茶、绿茶、茉莉花茶、乌龙茶）制成，且不添加色素、防腐剂，口味独特，是纯天然的健康食品。此外还有茶瓜子、茶奶糖等。

实训安排

实训项目	搭配茶点
实训要求	（1）了解茶点搭配原则与方法 （2）能够掌握不同茶类的茶点搭配
实训时间	40分钟
实训场所与工具	（1）茶艺实训室 （2）多媒体教室、六大基本茶类的代表茶叶及花茶、中国十大名茶 （3）各类茶点
实训方法	示范讲解、小组讨论

实训步骤及要求：

（1）教师展示并讲解茶点搭配的原则和方法。

（2）学生分组进行实训。

（3）学生完成实训报告。

实训报告单

实训项目　　　　班级　　　　组别　　　　姓名　　　　学号

序号	茶叶名称	项目		
		茶类	搭配茶点	原因
1	西湖龙井			
2	祁门红茶			

续表

序号	茶叶名称	项目		
		茶类	搭配茶点	原因
3	安溪铁观音			
4	君山银针			
5	普洱熟茶			
6	普洱生茶			
7	茉莉花茶			

任务总结

茶食与茶点种类繁多，口味多变，是茶文化不可或缺的一部分，是在茶的品饮过程中发展起来的。茶食与茶点在与茶类、时代、地域、人文环境的搭配上极富艺术性，不仅讲究色、香、味、形等感官享受，而且注重茶食与茶点的文化内涵。因此，茶食与茶点是为了让品茶人能够更好地享受茶的美好，烘托品茶氛围。

项目六 茶席设计

任务1 初识茶席

知识目标

掌握茶席和茶席设计的概念

掌握茶席设计的基本构成要素

了解茶席的主要功能

了解茶席的渊源

实训目标

根据茶席构成要素，鉴赏茶席

依据主题，评价茶席的设计效果

任务导入

懂得品茗是人生一大享受。从茶器的选用，到摆放茶席，无论是简约潇洒，还是华丽，茶席的高雅情调都丰富了现代人味觉飨宴之外的精神情趣。茶席一定要是中国传统式的风格吗？还是可以用现代的方式表现？

知识准备

一、什么是茶席

茶席，原为坐卧之垫具，后引申为座席、座位及酒筵。但是，当茶席与茶联系，就逐步构成了内容丰富的茶文化的表现方式。

茶席，指的是以茶为灵魂，以茶具为主体，在特定的茶馆空间形状中，与其他艺术方式相联系所共同构成的一个有独立主题的茶道艺术组合全体。茶席是继陆羽初次创建“茶具组合”之后，经各代不断发展而来的。

茶席体现了一种物质形状，更体现了一种艺术形式。茶席由茶品、茶具组合、插花、焚香、挂画、关联工艺品等物构成其根本的要素，表现一个独立的主题。经过茶的泡饮，使茶的魅力得到完美的表现。

二、什么是茶席设计

简单地说，茶席设计就是以茶饮活动为目的的创作行为。茶席设计的结构是由空间和特性所组成，是茶艺的重要组成部分，也是茶艺表现的基础，包括动态的行茶方式规划与静态的品茗环境装置，大都属于茶艺静态表现的部分。

由于设计的部分受限于室内空间的材料、格局方向等，所以必须活用美学和创意思考，同时要考虑茶席具有很强的实用性和操作性，应以茶作为主角，以茶艺作为设计的重心，将饮茶活动置于一定的环境中，赋予它不同艺术的要求。

茶席设计是以场地、材料和情感为主要构成条件，通过视觉、味觉、嗅觉、听觉、触觉的形式，传达出一定的感官感受，实用的、可操作的、合乎艺术设计原理的综合展示艺术。其目的是为了泡好一壶茶，享受一杯茶，是空间美学的一部分，是“设计艺术学”中跨门类的学科，主要包含装置艺术设计、环境艺术设计、景观设计等。

三、茶席渊源

大唐盛世，四方来朝，威仪天下。就在这个历史背景下，一群出世山林的诗僧与遁世山水间的雅士，开始了对中国茶文化的悟道与升华，从而形成了以茶礼、茶道、茶艺为特色的中国独有的文化符号。至宋代，茶席不仅置于自然之中，宋人还把一些灵感来自于自然的艺术品设在茶席上，而插花、焚香、挂画与茶一起更被合称为“四艺”，常在各种茶席间出现。在明代茶艺行家冯可宾的《岕茶笺》中，更是对品茶提出了“十三宜”：无事、佳客、幽坐、吟咏、挥翰、徜徉、睡起、宿醒、清供、精舍、会心、赏鉴、文僮，其中所说的“清供”“精舍”，指的即是茶席的摆置。

四、茶席的构成

茶席主要由茶具组合、插花、挂画、铺垫、焚香，这最基本的五个部分构成。

（一）茶具组合

茶具组合是茶席设计的基础，也是茶席构成因素的主体。茶具组合的基本特征是实用性和艺术性相融合。实用性决定艺术性，艺术性又服务实用性。因此，茶具组合在它的质地、造型、体积、色彩、内涵等方面，应作为茶席设计的重要部分加以考虑，并使其在整个茶席布局中处于最显著的位置。

（二）插花

插花，是指人们以自然界的鲜花、叶草为材料，通过艺术加工，在不同的线条和造型变化中，融入一定的思想和情感而完成的花卉的再造形象。插花是一门古老的艺术，寄托人们美好的情感。插花的起源应归于人们对花卉的热爱，通过对花卉的定格，表达一种意境来体验生命的真实与灿烂。

（三）挂画

挂画，又称挂轴。茶席中的挂画，是悬挂在茶席背景环境中的书画的统称。挂轴由天杆、地杆、轴头、天头、地头、边、惊艳带、画心及背面的背纸组成。挂轴形式有单条、中堂、屏条、对联、横批、扇面等。茶席挂轴的内容，可以是字，也可以是画，一般以字为多，也可字画结合。书体以篆、隶、草、楷、行各体皆可，主要以茶事为表现内容，也可表达某种人生境界、人生态度和人生情趣。画以中国画，尤其是山水画、水墨画为主。

（四）铺垫

铺垫，是指茶席整体或局部物件摆放下的各种铺垫、衬托、装饰物的统称。铺垫的作用：一是使茶席中的器物不直接触及桌（地）面，以保持器物的清洁；二是以自身的特征辅助器物共同完成茶席设计的主题。铺垫虽是器外物，却对茶席器物的烘托和主题的表现起着不可低估的作用。

（五）焚香

焚香，可用在茶席中。它不仅作为一种艺术形态融于整个茶席中，同时以它美妙的气味弥漫于茶席四周的空间，使人在嗅觉上获得非常舒适的感受。

实训安排

实训项目	茶席欣赏
实训要求	（1）能够熟练掌握茶席的基本构成要素 （2）了解茶席各构成要素的基本功能 （3）能够用较为简练而准确的语言对茶席设计进行鉴赏和评价
实训时间	45 分钟
实训场所与工具	（1）可以进行茶艺表演和茶席设计的茶艺实训室 （2）多媒体教室、茶席设计视频与图片 （3）现场茶席设计所需要的茶品与茶具
实训方法	视频与图片欣赏、茶席设计欣赏、现场茶席设计观摩、小组讨论

实训步骤及要求：

（1）通过放映茶席设计视频与图片，教师引导学生认识茶席。

（2）教师指导学生进行茶席设计欣赏。

（3）教师现场进行茶席设计，学生观摩。

（4）学生分组对茶席作品进行评价。

（5）学生完成实训报告。

实训报告单

实训项目　　　　　班级　　　　组别　　　　姓名　　　　学号

序号	茶席主题	项目					
		茶具组合	插花	挂画	铺垫	焚香	茶席环境
1	茶席一：主题						
2	茶席二：主题						

续表

序号	茶席主题	项目					
		茶具组合	插花	挂画	铺垫	焚香	茶席环境
3	茶席三：主题						
4	茶席四：主题						
5	茶席五：主题						
6	茶席六：主题						

任务总结

茶席主要由茶具组合、插花、挂画、铺垫、焚香五个部分构成。茶席设计要与周围环境相协调，与主题相呼应，方能体现茶席的内容，从而实现茶席与人、与时间、与空间的交互融合，将品茗者带入一种有情趣、有兴味的境界。

任务2 浅识茶具组合

知识目标

熟悉茶具的种类

熟悉各种茶具的功能

熟悉茶品与茶具的搭配

掌握茶具的选配、摆放与使用

实训目标

能够进行茶具组合实例的鉴赏与评价

能够较为娴熟地依据不同的主题、不同的环境、不同的茶叶，进行茶具组合

任务导入

茶具组合是茶席的主角，根据功能可分为泡茶用具（壶）、饮茶用具（杯、盏、碗）、贮茶用具（罐、盒）和辅助用具（茶则、茶匙、茶针、茶刀、茶巾、茶荷、杯托、茶船）等，根据材质，通常有陶瓷、紫砂、玻璃、金属和竹木类等。那么，如何选择茶具，并将这些茶具恰当地陈设于茶席之上呢？

知识准备

中国茶具组合的出现可追溯到唐代。陆羽在《茶经·四之器》中设计和归整了二十四件茶器具及附件的茶具组合。此后，历代茶人又对茶具在形式和功能上不断创新、发展，并融入人文艺术精神，使茶具组合这一艺术表现形式不断充实和完善。

茶具的质地主要有金属类、陶瓷类、紫砂类、竹木类、玻璃类等。

茶具组合，个件数量一般可按两种类型确定，一是必须使用而又不可替代的，如壶、杯、罐、则（匙）、煮水器等；二是齐全组合，包括不可替代和可替代的物件，如备水用具水方（清水罐）、煮水器（热水瓶）、水杓等；泡茶用具茶壶、茶杯（茶盏、盖碗）、茶则、茶叶罐、茶匙等；品茶用具茶海（公道杯、茶盅）、品茗杯、闻香杯、杯托等；辅助用具茶荷、茶针、茶夹、茶漏、茶盘、茶巾、茶池（茶船）、茶滤及托架、茶碟、茶桌（茶几）等。

茶具组合既可按规范样式配置，也可创意配置，而且以创意配置为主；既可齐全配置，也可基本配置。创意配置、基本配置、齐全配置在个件选择上随意性、变化性较大，而规范样式配置在个件选择上一般较为固定，主要有传统样式和少数民族样式。

实训安排

实训项目	茶具组合
实训要求	（1）熟悉各类茶具的特点 （2）熟悉各种茶具的基本功能 （3）能够熟练完成茶具的选配与摆放
实训时间	90 分钟
实训场所与工具	（1）可以进行茶艺表演和茶席设计的茶艺实训室 （2）多媒体教室、茶具组合视频与图片 （3）现场茶席设计所需要的茶品与茶具
实训方法	视频与图片欣赏、茶具组合鉴赏、现场茶具组合观摩、分组完成茶具的选配与摆放

实训步骤及要求：

（1）通过放映茶具组合视频与图片，教师指导学生鉴赏不同类型的茶具组合。

（2）教师现场进行茶具组合，学生观摩。

（3）学生分组完成茶具的选配与摆放。

（4）学生完成实训报告。

实训报告单

实训项目　　　　班级　　　　组别　　　　姓名　　　　学号

序号	茶具组合类型	项目				
		茶品	茶具种类	茶具摆放	主题	效果
1	壶泡茶具组合					
2	盖碗茶具组合					
3	壶盅茶具组合					
4	碗盅茶具组合					

任务总结

根据茶席的主题、周围环境，以及所泡茶叶的品质特征，选择合适的茶具进行恰当的组合，满足泡茶品茗的主要功能，与此同时，茶具组合作为茶席中最重要的部分应最大限度地体现茶席主题，为宾客营造一种良好的品饮意境，使其在品茗中得到美的享受。

任务3 欣赏茶席插花

知识目标

掌握茶席插花的种类

熟悉茶席插花的器皿及其特点

掌握茶席插花的技巧

实训目标

掌握不同种类花材的插花方法

掌握选取花器的方法

能够将插花技巧灵活运用到茶席插花中

能够根据茶席主题设计插花

任务导入

中国插花历史悠久，素以风雅见称于世，形成了独特的民族风格，色彩鲜丽、形态丰富、结构严谨。

知识准备

一、插花的分类

（一）根据所用花材的不同分类

根据所用花材的不同，可以分为鲜花插花、干花插花、人造花插花和混合式插花。

（1）鲜花插花。全部或主要用鲜花进行插制。它的主要特点是最具自然花材之美，色彩绚丽、花香四溢，饱含真实的生命力，有强烈的艺术魅力，应用范围广泛。其缺点是水养不持久，费用较高，不宜在暗光下摆放。

（2）干花插花。全部或主要用自然的干花或经过加工处理的干燥植物材料进行插制。它既不失原有植物的自然形态美，又可随意染色、组合，插制后可长久摆放，管理方便，不受采光的限制，尤其适合暗光摆放。在欧美一些国家和地区十分盛行干花作品。其缺点是怕强光和长时间暴晒，也不耐潮湿的环境。

（3）人造花插花。所用花材是人工仿制的各种植物材料，包括绢花、涤纶花等，有仿真性的，也有随意设计和着色的，种类繁多。人造花多色彩艳丽，变化丰富，易于造型，便于清洁，可较长时间摆放。

（4）混合式插花。顾名思义，混合式插花就是将不同类型的各式各样的花按个人的喜好及需要插在一起，以达到更为理想的效果。

（二）按插花器皿和组合方式分类

按插花器皿和组合方式，可分瓶式插花、盆式插花、盆景式插花、盆艺插花。

（1）瓶式插花，又叫瓶花，是比较古老而普通的一种插花方式，剪取适时的花枝配上红果绿叶，插于花瓶内。这种插花由于花瓶瓶身高，瓶口小，因此插时不需要剑山和花泥，只需将花枝投入即可，日常生活插花多属此种。

（2）盆式插花，又称盆花，即利用水盆进行插花，或利用其他类似于水盆的浅口器皿进行插花，由于容器较浅，需要借助花砧、泡沫、卵石等固定物才能完成作品。与瓶花相比，盆花的难度较大，需先造型，然后再根据造型，安插花枝和配叶。

（3）盆景式插花，是利用浅水盆创作的一种艺术插花形式，它利用盆景艺术的布局方法，使插花作品形似植物盆景。这种插花是利用插花树枝制作而成。制作时可在水盆中放置些山石等作为背景和点缀。

（4）盆艺插花，是将盆栽植物和鲜花花枝艺术地组合在一起，进行室内布置的一种植物装饰艺术，所用盆栽一般是小型室内植物。以观叶植物为例，它本身虽适于室内观赏，但无色彩鲜艳的花果，鲜花鲜果枝配插于观叶植物盆栽中，可以使它的色彩艳丽起来。另外，一些姿态欠佳的室内盆栽用鲜艳的枝叶花果来配插，还可以使它们的姿态完美起来。

二、插花器皿

花型设计的必需品——花器的种类很多，如陶瓷、金属、玻璃、藤、竹、草编、化学树脂等。花器要根据设计的目的、用途、使用花材等进行合理选择。

（一）陶瓷花器

陶瓷花器是花型设计中最常见的道具，突出民族风情和各自的文化艺术。

（二）素烧陶器

在回归大自然的潮流中，素烧陶器有它独特的魅力。它以自身的自然风味，使整个作品显得朴素典雅。

（三）金属花器

金属花器由铜、铁、银、锡等金属材质制成，给人以庄重肃穆、敦厚豪华的感觉，又能反映出不同历史时代的艺术发展。

（四）藤、竹、草编花器

这类器皿形式多种多样。因为采用自然的植物素材，可以体现出原野风情，比较适宜自然情趣的造型。

（五）玻璃花器

玻璃花器的魅力在于它的透明感和闪耀的光泽。混有金属酸化物的彩色玻璃、表面绘有图案的器皿，能够很好地映衬出花的美丽。

（六）塑料花器

塑料花器价格便宜，轻便，且色彩丰富，造型多样。

三、插花技巧

（一）虚实相宜

花为实，叶为虚，有花无叶欠陪衬，有叶无花缺实体。做到实中有虚，虚中有实。

（二）高低错落

花朵的位置切忌在同一横线或直线上。

（三）疏密有致

每朵花、每张叶都具有观赏效果和构图效果，过密则复杂，过疏则空荡。

（四）顾盼呼应

花朵、枝叶要围绕中心顾盼呼应，在反映作品整体性的同时，又保持作品均衡感。

（五）上轻下重

花苞在上，盛花在下；浅色在上，深色在下，均衡自然。

（六）上散下聚

花朵枝叶基部聚拢似同生一根，上部疏散，多姿多态。

在茶艺插花中，应选择花小而不艳，清香淡雅的花材，最好是含苞待放或花蕾初绽。崇尚简素，忌繁复。插花只是衬托，为茶艺服务，切忌喧宾夺主。至于选择什么类型的插花，要视具体的茶艺而定。

实训安排

实训项目	茶席插花
实训要求	（1）掌握茶席插花的种类 （2）熟悉茶席插花的器皿及其特点 （3）掌握茶席插花的技巧
实训时间	90 分钟
实训场所与工具	（1）可以进行茶艺表演和茶席设计的茶艺实训室 （2）多媒体教室、茶席插花视频与图片 （3）现场茶席插花所需要的花材和器皿
实训方法	视频与图片欣赏、茶席插花鉴赏、现场茶席插花观摩、分组完成茶席插花作品

实训步骤及要求：

（1）通过放映茶席插花视频与图片，教师指导学生鉴赏不同风格的茶席插花。

（2）教师现场进行茶席插花，学生观摩。

（3）学生分组完成茶席插花作品。

（4）学生完成实训报告。

实训报告单

实训项目　　　　　　　　　　班级　　　　　　　　　　组别

学号	小组成员名单	花材	花器	寓意	主题	小组互评

任务总结

在掌握茶席插花花材种类、插花器皿及花材与器皿的组合方式的基础上，依据茶席设计的主题，将虚实相宜、高低错落、疏密有致、顾盼呼应、上轻下重、上散下聚等技巧灵活运用到茶席插花当中，使茶席主题更加鲜明，感染力更强，从而达到画龙点睛的效果。

任务 4　了解茶席铺垫

知识目标

掌握茶席铺垫的种类

熟悉茶席铺垫的形状

了解茶席铺垫的色彩

掌握茶席铺垫的方法

实训目标

熟练掌握茶席铺垫的方法

依据茶席主题进行茶席铺垫的设计

任务导入

茶席铺垫在茶席中是基础和烘托的代名词，它对烘托主题、提升茶席布置的艺术品位起着不可估量的作用，帮助茶席设计者实现最终目标追求。如何选择铺垫材料和色彩？采用何种铺垫形状？运用何种铺垫方法？这些将直接决定茶席铺垫对主题的作用。

知识准备

铺垫的质地、款式、大小、色彩、花纹等，应根据茶席设计的主题与立意，运用对称、不对称、烘托、反差、渲染等手段的不同要求加以选择。或铺桌上，或摊地下，或搭一角，或垂一隅，既可作流水蜿蜒之意象，又可引发绿草茵茵的联想。

一、铺垫的类型

（一）织品类

织品类铺垫主要用棉布、麻布、化纤、蜡染、印花、毛织、织锦、绸缎、手工编织等。

棉布——棉布质地柔软，吸水性强，易裁易缝，不易毛边。新布较适合桌面铺，平整挺括，视觉效果柔和，不反光。缺点是清洗后易皱，易掉色，须及时烫平。棉布在茶席中多在表现传统题材和乡土题材时使用。

麻布——麻布历史悠久，人类先织麻后织线，再织丝。现代出现机械织麻，因此，麻织品也日渐细密，品高质良。麻布有粗麻与细麻之分。粗麻和细麻均可在茶席设计中使用。粗麻硬度高，柔软度差，不宜大片铺设，可做小块局部铺垫，以衬托重要器物。细麻相对柔软，且常印有纹饰，可大面积铺设。麻布古朴大方，极富怀旧感，常在茶席设计中表现古代传统题材和乡土及少数民族题材时使用。

（二）非织品类

非织品类铺垫主要用竹编、草秆编、树叶铺、纸铺、石铺、瓷砖铺或不铺。

不铺——即以桌、台、几本身为铺垫。不铺的前提是桌、台、几本身的质地、色彩、形状具有某种质感和色感。如红木桌、台、几，古朴而有光感；原木桌、台、几，自然而现木纹；仿古茶几，喻示某个朝代；竹制几台，是山野乡村的象征。看似不铺，其实也是一种铺，往往是最铺。善于不铺，也往往最能体现茶席设计者的文化与艺术功底。

二、铺垫的形状

铺垫的形状一般分为正方形、长方形、三角形、菱形、圆形、椭圆形、多边形和不确定形。

正方形和长方形，多在桌铺中使用，又分为两种，一种为遮沿型，即铺物比桌面大，四面垂下，遮住桌沿；一种为不遮沿型，即按桌面形状设计，又比桌面小。以正方形和长方形而设计的遮沿铺，是桌铺形式中属较大气的一种。许多叠铺、三角铺、纸铺、草秆铺、手工编织铺等都要依赖遮沿铺作为基础。因此，遮沿铺往往又称为基础铺。遮沿铺在正面垂沿下常缝上一排流苏或其他垂挂，更显其正式与庄重。

三、铺垫的色彩

把握铺垫色彩的基本原则：单色为上、碎花为次、繁华为下。

单色最能适应器物的色彩变化，即便是最深的单色——黑色，也绝不夺器。茶席铺垫中选择单色，反而是最富色彩的一种选择。

碎花，包含纹饰，在茶席铺垫中，只要处理得当，一般也不会夺器，反而能恰到好处地点缀器物，烘托器物。碎花、纹饰会使铺垫的色彩复调显得更为和谐。一般选择规律是：与器物同类色的更低调处理。

繁花在铺垫中一般不使用，但在某些特定的条件下选择繁花，往往会造成某种特别强烈的效果。

四、铺垫的方法

铺垫的材质、形式、色彩选定之后，铺垫的方法便是获得理想效果的关键所在。铺垫的基本方法有平铺、叠铺、立体铺、帘下铺等。

（一）平铺

平铺又称基本铺，是茶席设计中最常见的铺垫，即用一块长宽都比桌（台、几）大的铺品，将四边垂沿遮住的铺垫。垂沿可触地遮，也可随意遮。平铺，也可不遮沿铺，即在桌（台、几）上铺上比四边线稍短一些的铺垫。

平铺作为基本铺，还是叠铺形式的基础，如三角铺、手工编织铺、对角铺等都是以平铺为再铺垫的基础。

平铺适合所有题材的器物的摆置，被称为“懒人铺”，对于质地、色彩、纹饰、制作上有缺陷的桌（台、几），平铺还能起到某种程度的遮掩作用。在正面垂沿下，若再缝以色彩鲜明的流苏、绳结及其他饰物，会使平铺更具艺术美感。

（二）叠铺

叠铺是指在不铺或平铺的基础上，叠铺成两层或多层的铺垫。叠铺属于铺垫中最富层次感的一种方法。叠铺最常见的手段，是将纸类艺术品，如书法、国画等相叠铺在桌面上。另外，也可由多种形状的小铺垫叠铺在一起，组成某种叠铺图案。

（三）立体铺

立体铺是指在织品下先固定一些支撑物，然后将织品铺在支撑物上，以构成某种物象的效果，如一群远山及山脚下连绵的草地，或绿水从某处弯弯流下等，然后再在面上摆置器件。

立体铺属于更加艺术化的一种铺垫方法。它从茶席的主题和审美的角度设定一种物象环境，使观赏者按照营造的想象去品味器物，这样会比较容易地传达出茶席设计的理念。同时，画面效果也比较富有动感。立体铺对铺垫的质地、色彩要求比较严格。否则，就很难造成理想的物象效果。

立体铺一般都用在地铺中，表现面积可大可小。大者，具有一定气势，小者，精巧而富有生气。

（四）帘下铺

帘下铺是指将窗帘或挂帘作为背景，在帘下进行桌铺或地铺，常用两块不同质地、色彩的织品，形成巨大的反差，给人以强烈的层次感。若帘下铺的织品采用同一质地和色彩，又会造成一种从高处一泻而下的宏大气势，并使铺垫从形态上发生根本的变化。

由于帘具有较强的动感，在风的吹拂下，就会形成线、面的变化，这种变化过程还富有音乐的节奏美，使静态的茶席增添了韵律感。在一动一静中，在变与不变中，茶席中的器物仿佛也在频频与饮茶者亲切对话。这种艺术效果，往往是其他铺垫方法所不能比拟的。

实训安排

实训项目	茶席铺垫
实训要求	（1）掌握茶席铺垫的种类 （2）熟悉茶席铺垫的形状 （3）了解茶席铺垫的色彩 （4）掌握茶席铺垫的方法
实训时间	90 分钟
实训场所与工具	（1）可以进行茶艺表演和茶席设计的茶艺实训室 （2）多媒体教室、茶席铺垫视频与图片 （3）现场茶席铺垫所需要的材料
实训方法	视频与图片欣赏、茶席铺垫鉴赏、现场茶席铺垫观摩、分组完成茶席铺垫作品

实训步骤及要求：

（1）通过放映茶席铺垫视频与图片，教师指导学生鉴赏不同风格的茶席铺垫。

（2）教师现场进行茶席铺垫，学生观摩。

（3）学生分组完成茶席铺垫作品。

（4）学生完成实训报告。

实训报告单

实训项目　　　　　　　　　　　班级　　　　　　　　　　　组别

学号	小组成员名单	选材	色彩	铺垫方法	主题	小组互评

任务总结

茶席铺垫是茶席的重要组成部分，铺设上色彩、质地、款式、纹路、图案与总体风格相适应的编织物，对烘托主题、提升茶席布置的艺术品位起着不可估量的作用。茶席铺垫的色调通常奠定了整个茶席的主基调，布置时常用到的有各类桌布，也有取于自然的材料，还有的不加铺垫，直接利用台面自身的纹理。铺垫的形状可采用正方形、长方形、三角形、菱形、圆形、椭圆形、多边形和不确定形。铺垫时可运用平铺、叠铺、立体铺、帘下铺等方法。

任务5 焚 香

知识目标

掌握茶席中自然香料的种类

熟悉茶席中香品的样式

了解香道的相关知识

掌握茶席中香炉的种类及摆置

实训目标

熟练掌握茶席中香炉的选择与摆置

依据茶席主题恰当选配香品并正确使用

依据茶席主题恰当选配香炉

任务导入

香事与茶事，当属中国文化中的精粹，不仅为文人雅士所好，也广及平民百姓，可以用于宗教修行，也是日常用物；既是高雅文化的代表，同时也是通俗之物。品味香与茶的乐趣，若单一人品评，虽孤却不独；若邀约众多好友聚室品评，能有共同的兴趣与涵养，共赏饮茶与香气之曼妙更是佳话。那么如何将香巧妙、恰当地用于茶席之中呢？

知识准备

焚香，是指人们将从动物和植物中获取的天然香料进行加工，使其成为各种不同的香型，并在不同的场合焚熏，以获得嗅觉上的美好享受。

焚香从一开始就追求人们的生理需求与精神需求的结合。在中国盛唐时期，达官贵人、文人雅士及富裕人家就经常在聚会时，争奇斗香，使熏香成为一种艺术，与茶文化一起发展起来。至宋代，我国的焚香艺术与点茶、插花、挂画一起，被称为文人“四艺”。

一、茶席中自然香料的种类

茶席中自然香料的种类包括檀香、沉香、龙脑香、紫藤香、甘松香、丁香、石蜜、茉莉等。

二、茶席中香品的样式

茶席中的香品，总体上分为熟香与生香，又称干香与湿香。熟香指的是成品香料，一般可在香店购得，少量为香品制作爱好者自选香料自行制作而成。生香是指在做茶席动态演示之前，临场进行香的制作（又称香道表演）所用的各类香料。

熟香样式有：柱香、线香、盘香、条香等，另有片香、香末等作熏香之用。

生香临场制作表演，既是一种技术，又是一种艺术，具有可观赏性，对于香道文化的传播，起着非同寻常的作用。

三、茶席中香炉的种类及摆置

香炉造型多取自春秋之鼎。从汉墓中出土的博山炉，史学界基本上认为是中国香炉之祖。至宋代，瓷香炉大量出现，样式有：鼎、乳炉、鬲炉、敦炉、钵炉、洗炉、筒炉等，大多仿商周名器铸造。明代制炉风盛，宣德香炉是其代表。

各类香炉，有铜质、铁质、陶质、瓷质等，宫廷和富贵人家还有的用金、银铸之。现代香炉多为铜质、铁质和紫砂制品。在色彩上，也缤纷夺目。

表现宗教题材及古代宫廷题材，一般选用铜质茶炉。铜质茶炉古风犹存，基本保留了古代香炉的造型特征。

表现现代和古代文人雅士雅集茶席，以选择白瓷直筒高腰山水图案的焚香炉为佳。直筒高腰焚香炉，形似笔筒，与文房四宝为伍，协调统一，符合文人雅士的审美习惯。

表现一般生活题材的茶席，泡青茶系列，可选紫砂类香炉或熏香炉；泡龙井、碧螺春、黄山毛峰等绿茶，可选用瓷质青花低腹阔口的焚香炉，清新雅致，富有生活气息。

香炉在茶席中的摆置，即香炉在茶席中的位子，应把握以下两个原则：不夺香，不挡眼。

实训安排

实训项目	焚香
实训要求	（1）掌握茶席中自然香料的种类 （2）熟悉茶席中香品的样式 （3）了解香道的相关知识 （4）掌握茶席中香炉的种类及摆置
实训时间	90 分钟
实训场所与工具	（1）可以进行茶艺表演和茶席设计的茶艺实训室 （2）多媒体教室、茶席焚香和香道表演的视频与图片 （3）现场茶席焚香所需要的材料
实训方法	香道表演的视频欣赏、茶席焚香鉴赏、现场茶席焚香观摩、分组完成茶席焚香作品

实训步骤及要求：

（1）通过放映茶席焚香和香道表演的视频与图片，教师指导学生鉴赏不同主题、不同场合的茶席焚香。

（2）教师现场进行茶席焚香，学生观摩。

（3）学生分组完成茶席焚香作品。

（4）学生完成实训报告。

实训报告单

实训项目　　　　　　　　班级　　　　　　　　组别

学号	小组成员名单	香品	香炉种类	香炉摆置	主题	小组互评

任务总结

随着现今茶席与香席的盛行，现代人对于饮茶与焚香，早已不仅仅是感官的享乐，而是希望通过饮茶、焚香仪式的进行，除了社交需要之外，更能缓和心情，达到身心平衡的效果。茶席用香，应以茶为主，以香为辅，切不可喧宾夺主，应依据茶席主题选择合适的香品和香炉，并注重摆置的艺术性与情趣性。

下篇　茶艺表演

项目七　掌握绿茶茶艺

任务1　学习绿茶玻璃杯泡法

知识目标

掌握冲泡绿茶的水温、茶水比、投茶量的要求

掌握上投法、中投法和下投法的适用范围

掌握绿茶玻璃杯泡法茶艺表演解说词的撰写

实训目标

掌握上投法、中投法和下投法的基本操作

掌握绿茶玻璃杯冲泡法的基本步骤

能够进行绿茶玻璃杯泡法的茶艺表演

能够进行绿茶玻璃杯泡法的茶艺解说

任务导入

绿茶属于不发酵茶，鲜叶的嫩度较高，一般形容绿茶的品质特点为“青汤绿叶”。绿茶较多地保留了鲜叶内的天然物质，其中，茶多酚、咖啡因保留鲜叶的85%以上，叶绿素保留50%，因此，冲泡绿茶时为了保持绿茶的鲜爽口味，不能用刚刚烧开的水。那么水温达到多少才合适呢？又应该如何控制水温？

知识准备

一、绿茶玻璃杯冲泡的基本方法

上投法：先将开水注入杯中约七分满的程度，待水温凉至75℃左右时，将茶叶投入杯中，稍后即可品茶。细嫩名优绿茶一般用上投法，如碧螺春、信阳毛尖。

中投法：先将开水注入杯中约1/3处，待水温凉至80℃左右时，将茶叶投入杯中少顷，再将水徐徐加入杯的七分满处，稍后即可品茶。一般如太湖绿茶、六安瓜片、绿杨春等大多采用中投法。

下投法：先将茶叶投入杯中，再用85℃左右的开水加入其中约1/3处，约15秒后再向杯中注入85℃的开水至七分满处，稍后即可品茶，一般如西湖龙井多采用下投法。

也有根据室温的不同采用上投法、中投法、下投法的，如夏天用上投法，冬天用下投法，春秋用中投法。

二、玻璃杯冲泡绿茶的基本步骤

（一）上投法

（1）烫杯。用茶壶里的热水采用回旋注水法浸润玻璃杯，提高杯温，这样才能最大限度地挥发茶香。

（2）取茶。用茶则将茶叶从茶叶筒中取出，放入茶荷内。

（3）听泉。用左手托住杯底，右手拿杯，从左到右由杯底至杯口逐渐回旋一周，然后将杯中之水倒出，同时可以听到水流出和溅落的声响，如听泉般美妙。

（4）注水。将开水注入杯中约七分满的程度。

（5）投茶。待水温凉至 80℃左右时，用茶匙将茶荷里的茶叶拨到玻璃杯中。茶叶吸收水分后逐渐下沉，如落花般纷纷扬扬飘落到杯中，赏心悦目。

（6）敬茶。到客人面前，双手奉茶，右手行奉茶礼，示意客人“请您品茶”。

（7）品茶。品茶时应先闻其香、再观其色、后品其味。在细细品啜中，会感觉到甘醇润喉、齿颊留香、回味无穷。

（二）中投法

（1）烫杯。用茶壶里的开水采用回旋注水法浸润玻璃杯，提高杯温，这样才能最大限度地挥发茶香。

（2）取茶。用茶则将茶叶从茶叶筒中取出，放入茶荷内。

（3）听泉。用左手托住杯底，右手拿杯，从左到右由杯底至杯口逐渐回旋一周，然后将杯中之水倒出，同时可以听到水流出和溅落的声响，如听泉般美妙。

（4）注水。将水注入玻璃杯中约 1/3 处。

（5）投茶。待水温降至 80℃左右时，采用中投法，用茶匙将茶荷中的茶叶拨入玻璃杯中。

（6）冲泡。采用“凤凰三点头”的方法，将水壶中已经晾好的水注入玻璃杯中，即用手腕的力量，使水壶下倾上提反复 3 次，使茶叶在杯中上下翻动，促使茶汤均匀，茶水比约为 1∶50，同时也蕴含着三鞠躬的礼仪。

（7）敬茶。到客人面前，双手奉茶，右手行奉茶礼，示意客人“请您品茶”。

（8）品茶。品茶时应先闻其香、再观其色、后品其味。在细细品啜中，会感觉到甘醇润喉、齿颊留香、回味无穷。

（三）下投法

（1）烫杯。用茶壶里的热水采用回旋注水法浸润玻璃杯，提高杯温，这样才能最大限度地挥发茶香。

（2）取茶。用茶则将茶叶从茶叶筒中取出，放入茶荷内。

（3）听泉。用左手托住杯底，右手拿杯，从左到右由杯底至杯口逐渐回旋一周，然后将杯中之水倒出，同时可以听到水流出和溅落的声响，如听泉般美妙。

（4）投茶。用茶匙将茶荷中的茶叶拨入玻璃杯中，茶水比约为 1∶50。

（5）润茶。将水旋转倒入玻璃杯中，占玻璃杯容积的 1/4～1/3，使茶芽舒展，此时的茶叶已显出勃勃生机，绿茶特有的香气已隐隐飘出。

（6）冲泡。采用“凤凰三点头”的方法，即用手腕的力量，使水壶下倾上提反复 3 次，使茶叶在杯中上下翻动，促使茶汤均匀，同时也蕴含着三鞠躬的礼仪。

（7）敬茶。到客人面前，双手奉茶，右手行奉茶礼，示意客人“请您品茶”。

（8）品茶。品茶时应先闻其香、再观其色、后品其味。在细细品啜中，会感觉到甘醇润喉、齿颊留香、回味无穷。

实践操作

西湖龙井茶艺表演

在进行西湖龙井茶艺表演时，可参考如下解说词（下投法）。

（一）点香——焚香静心

俗话说：“泡茶可修身养性，品茶如品味人生。”古今品茶都讲究首先要平心静气。“焚香静心”即通过点燃这支香来营造一个祥和肃穆的气氛，并达到驱除妄念、心静气和的目的。

（二）赏茶——初识仙姿

龙井茶外形扁平光滑，享有色绿、香郁、味醇、形美“四绝”之盛誉。优质龙井茶，通常以清明前采制的为最好，称为明前茶；谷雨前采制的稍逊，称为雨前茶，而谷雨之后的就非上品了。明人田艺蘅曾有“烹煎黄金芽，不取谷雨后”之语。（赏茶——开启茶样罐，端于客人前，双手奉上，稍欠身，供客人观赏闻香。）

（三）赏泉——再赏甘霖

“龙井茶”“虎跑水”是举世闻名的西湖双绝，冲泡龙井茶最好用虎跑泉水，如此才能茶水交融，相得益彰。虎跑泉的泉水从砂岩、石英砂中渗出，现在将硬币轻轻置于盛满虎跑泉水的赏泉杯中，硬币置于水上而不下沉，水面高于杯口而不外溢，表明该水水分子密度高、表面张力大，碳酸钙含量低。

（四）洗杯——洗涤凡尘

茶是至清至洁、天涵地育的灵物，泡茶要求所用的器皿也必须至清至洁。“洗涤凡尘”，即用开水再烫洗一遍本来就是干净的玻璃杯，做到茶杯冰清玉洁，一尘不染。冲泡高档龙井茶要用透明无花的玻璃杯，以更好地欣赏茶叶在水中上下翻飞、翩翩起舞的仙姿，观赏碧绿的汤色、细嫩的茸毫，领略清新的茶香。现在，将水注入将用的玻璃杯，一来清洁杯子，二来为杯子增温。茶是圣洁之物，泡茶人要有一颗圣洁之心。

（五）凉汤——玉壶太和

龙井茶属于芽茶类，因为茶芽细嫩，若用滚烫的开水直接冲泡，会破坏茶芽中的维生素并造成熟汤失味，所以在冲泡高级龙井茶时，只宜用 80℃左右的开水。“玉壶太和”即把开水壶中的水预先倒入瓷壶养一会儿，使水温降至 80℃左右，用这样的水泡茶不温不火，恰到好处，泡出的茶色、香、味俱佳。

（六）投茶——清宫佳人

苏东坡有诗云：“戏作小诗君勿笑，从来佳茗似佳人。”他把优质茶比喻成让人一见倾心的绝代佳人。“清宫佳人”就是用茶匙把茶叶投入冰清玉洁的玻璃杯中。“茶滋于水，水籍于器。”茶与水的比例适宜，冲泡出来的茶才能不失茶性，并充分展示茶的特色。一般来说，茶叶与水的比例为 1∶50，即 100 毫升容量的杯子放入 2 克茶叶。现将茶叶从茶罐中轻轻取出，每杯用茶 2～3 克。置茶要心态平静，茶叶勿掉在杯外。敬茶惜茶，是茶人应有的修养。（投茶——将原先倒置的茶杯翻转，使其口沿向上，一字摆开。然后，将茶罐打开，用茶匙将所需茶叶拨入茶荷，并将茶叶一一拨入茶杯中待泡。）

（七）润茶——润莲心

好的龙井茶外观嫩如莲心，清代乾隆皇帝把茶叶称为“润心莲”。润莲心即在开泡前先向杯中注入少许热水，起到润茶的作用。采用“回旋斟水法”向杯中注入少许，以 1/4 杯为宜，温润的目的是浸润茶芽，使干茶吸水舒展，为将要进行的冲泡打好基础。（浸润泡——向杯中倾入适当温度的开水，用水量为杯容量的 1/5～1/4。放下水壶，提杯向逆时方向转动数圈，目的在于使茶浸润，吸水膨胀，便于内含物质浸出。时间掌握在 1 分钟以内。）

（八）冲水——凤凰三点头

冲泡龙井茶时也讲究高冲水，在冲水时水壶有节奏地三起三落，好比是凤凰在向嘉宾们三点头致意。温润的茶芽已经散发出一缕清香，这时高提水壶，让水直泻而下，接着利用手腕的力量，上下提拉注水，反复三次，让茶叶在水中翻动。这一冲泡手法，雅称“凤凰三点头”。“凤凰三点头”不仅是泡茶本身的需要，也是为了显示冲泡者的姿态优美，更是中国传统礼仪的体现。三点头像是对客人鞠躬行礼，对客人表示敬意，同时也表达了对茶的敬意。（冲泡——提壶冲水入杯，通常用“凤凰三点头”法冲泡，水至茶杯总容量的七成满为止，这种冲泡方法叫下投法。但对一些外形紧结重实的细嫩名优绿茶，诸如蒙顶甘露、庐山云雾等可采用上投法冲泡，即杯中先冲上七分满的水，再取茶投入，茶叶就会徐徐下沉，逐渐舒展。）

（九）奉茶——观音捧玉瓶

客来敬茶是中国的传统习俗，也是茶人所遵从的茶训。将精心泡制的清茶与新朋老友共赏，别有一番情趣。让我们共同领略这大自然赐予的绿色精灵。佛教故事中传说观音菩萨常捧着一个白玉净瓶，净瓶中的甘露可消灾除病，救苦救难。茶艺人员把沏泡好的茶敬奉给客人，我们称之为“观音捧玉瓶”，意在祝福好人一生平安。（奉茶——要面带微笑，双手欠身奉茶。茶杯摆放的位置，以方便客人取饮为原则。茶放好后，应向客人伸手掌示意，说声“请品茶！”）

（十）赏茶——春波展旗枪

这道程序是龙井茶艺的特色程序。杯中的热水如春波荡漾，在热水的浸泡下，茶芽慢慢地舒展开来，尖尖的叶芽如枪，展开的叶片如旗。一芽一叶的称为“旗枪”，一芽二叶的称为“雀舌”，直直的茶芽称为“针”，弯曲的茶芽称为“眉”。在品龙井茶之前，先观察在清碧澄净的茶水中，千姿百态的茶芽在玻璃杯中随波晃动，好像有生命的绿精灵在舞蹈，十分生动有趣。

（十一）闻茶——辨香识茶韵

品龙井茶要一看、二闻、三品味，在欣赏了“春波展旗枪”之后，要闻一闻茶香。龙井茶与花茶和乌龙茶不同，它的香气更加清幽淡雅，必须用心灵去感悟，才能够闻得到龙井茶那种春天的气息，以及清纯悠远、难以言传的生命之香。评定一杯茶的优劣，必从色、形、香、味入手。龙井是茶中珍品，素有“色绿、香郁、味甘、形美”四绝佳茗之称。其色澄清碧绿，其形一旗一枪，交错相映，上下沉浮。通常采摘茶叶时，只采嫩芽称“莲心”；一芽一叶，叶似旗、芽似枪，则称为“旗枪”；一芽二叶，叶形卷曲，形似雀舌，故称“雀舌”。闻其香，则是香气清新醇厚，无浓冽之感，细品慢啜，体会齿颊留芳、甘泽润喉的感觉。

（十二）品茶——淡中品至味

龙井茶的茶汤清纯甘鲜，淡而有味，它虽然不像红茶那样浓艳醇厚，也不像乌龙茶那样醉人，但是只要用心去品，就一定能从淡淡的龙井茶汤中品出天地间至清、至醇、至真、至美的韵味来。龙井茶大多冲泡三次，第二泡的色、香、味最佳。因此当客人杯中茶水见少时，要及时添注热水。龙井茶初品时会感清淡，需细细体会，慢慢领悟。正如清代茶人陆次云所说：“龙井茶真者，甘香如兰，幽而不冽，啜之淡然，似乎无味，饮过之后，觉有一种太和之气，弥沦于齿颊之间，此无味之味乃至味也。为益于人不浅，故能疗疾，其贵如珍，不可多得也。”品尝龙井茶，像是观赏一件艺术品。透过玻璃杯看着上下沉浮的茶叶，看着青绿的清汤，娇嫩的茶芽，龙井茶仿佛是一曲春天的歌、一幅春天的画、一首春天的诗。让人置身在一派浓浓的春色里，生机盎然，心旷神怡。

（十三）谢茶——有缘再聚

品茶有三乐。一曰“独品得神”，一个人面对青山绿水或置身于高雅的茶室，通过品茗，心驰寰宇，神交自然，物我两忘，此一乐也。二曰“对品得趣”，即两个知心的朋友相对品茗，或无须多言即心有灵犀一点通，或推心置腹倾诉衷肠，此亦一乐也。三曰“众品得慧”，孔子曾说：“三人行，必有我师焉。”鲁迅先生说过：“有好茶喝，会喝好茶，是一种清福。”众人相聚品茶，相互沟通，相互启迪，可以学到很多书本中学不到的知识，这同样是一大乐事。在品了头道茶之后，请嘉宾自己泡茶，以便通过亲自实践，从茶事活动中去感受修身养性、品味人生的无穷乐趣。

实训安排

实训项目	绿茶玻璃杯泡法茶艺表演
实训要求	（1）能够熟练掌握上投法、中投法和下投法的基本操作 （2）能够熟练掌握绿茶玻璃杯泡法的基本程序 （3）能够进行绿茶玻璃杯泡法茶艺表演
实训时间	90 分钟
实训场所与工具	（1）可以进行茶艺表演的茶艺实训室 （2）摄像设备、音响、茶艺表演服饰 （3）茶荷、随手泡（或水壶）、直筒玻璃杯、茶叶罐、茶巾、茶匙、茶则、奉茶盘、水盂、茶盘等 （4）茶叶：西湖龙井茶、碧螺春、六安瓜片
实训方法	示范讲解、情境模拟、分组练习、茶艺表演

实训步骤及要求：

（1）教师示范并讲解绿茶玻璃杯泡法的基本步骤。

（2）学生分组练习上投法、中投法和下投法的基本操作。

（3）教师在学生的配合下进行茶艺表演。

（4）学生分组进行茶艺表演的练习。

（5）学生完成实训报告。

实训报告单

实训项目名称

组别	班级	小组成员姓名	学号	分工情况	小组成员互评	教师点评

任务总结

不同形状的绿茶应选用不同的冲泡方法，一般用玻璃杯冲泡绿茶基本方法有三，即上投法、中投法和下投法。但无论采用哪一种冲泡方法，基本的操作是大致相同的，必不可少地都要经过烫杯、赏茶（或取茶）、投茶、冲泡、奉茶和品茶。不同的是上投法是注水七分满后投茶；中投法是注水至1/4～1/3处投茶，之后再冲泡；下投法是先投茶再采用“凤凰三点头”的方式冲泡。

任务2　学习绿茶盖碗冲泡法

知识目标

掌握冲泡绿茶的水温、茶水比、投茶量的要求

掌握绿茶盖碗冲泡法茶艺表演解说词的撰写

实训目标

掌握绿茶盖碗冲泡法的基本步骤

能够进行绿茶盖碗冲泡法的茶艺表演

能够进行绿茶盖碗冲泡法的茶艺解说

知识准备

绿茶盖碗冲泡法的基本步骤

（一）赏茶

取少量茶叶，置于茶荷上，供品饮者观看茶的形态，察看茶的色泽，嗅闻茶的清香。

（二）温具

用开水冲洗盖瓯，目的在于洁净茶具，并使冲泡时水的温差不至于太大。

（三）置茶

细嫩绿茶用量视饮者的需要而定。一般1克细嫩绿茶，冲入开水50～60毫升，通常一只普通的盖瓯，放上2克左右细嫩绿茶就可以了。

（四）冲水

冲水量视茶瓯容水量和置茶量而定。细嫩名优绿茶的水温以80℃左右为好，冲水量以七八分满为宜。

（五）洗盖

一手提瓯盖，使瓯盖侧立；一手执开水壶，用开水冲洗瓯盖里侧，以洁净瓯盖。然后将瓯盖稍加倾斜，盖在盖瓯上，使盖沿与瓯沿之间有一空隙，以免将瓯中茶叶闷

黄泡熟。

（六）奉茶

绿茶冲泡完毕之后连同盖瓯托一起，用双手有礼貌地将茶向宾客奉上。

实践操作

下面是用盖碗冲泡中国十大名茶之一的黄山毛峰的方法。

一、备器迎客

摆放好器具迎接客人，并一一介绍茶具：茶道组（又称茶道六君子）、茶叶罐、茶荷、盖碗、茶巾、茶船、随手泡。

二、烹煮甘泉（煮水）

将烧水器调制手动状态，将水烧至沸腾。

三、玉壶养和（凉汤）

将随手泡脱离烧水器放置于桌面，待水温稍降再泡茶。

四、清茶入荷

取少许茶放置于茶荷中。

五、鉴赏佳茗

向来宾展示将泡之茶，并介绍茶叶的品质特点。

六、奉赏干茶

展示完后将茶荷交于副泡端给客人欣赏，请客人一同欣赏茶叶的外形、色泽，闻其清香。

七、烫具净心

打开盖碗的盖斜放在碗托上，右手提随手泡缓缓注入少许水至盖碗中，并盖上盖，接着用左手的拇指、食指和中指端起盖碗，右手开启碗盖。左手轻轻由内向外转动清洁碗，倒水之时冲洗盖，并绕碗沿一周合盖，然后倒掉碗托的水放好器具。

八、佳茗入宫（投茶）

开启盖碗盖插入右边碗托上，然后从茶叶罐中取适量茶置于碗内。

九、温润心扉（浸润）

用细细的水流浸润茶叶，似轻轻叩开少女的心扉。拿起随手泡注少许水于碗内合盖

（此时的水量应为总量的 1/4）。

十、旋香沁碧（摇香）

用三龙护鼎的手式连碗带托拿起，由左至右轻轻转动盖碗，让碗内的茶叶充分舒展开，散发茶香。

十一、再注甘露（高冲）

左手开启碗盖与碗前方，右手提起随手泡进行高冲，充分击打茶叶让茶汤保持一致，注汤七分满。

十二、敬奉香茗（奉茶）

双手捧杯，举杯齐眉注视嘉宾并行点头礼，然后从右至左，一杯一杯地把沏好的茶交于副泡，最后一杯留给自己，再端给客人并做“请品茗”的手式。

十三、星空推移

盖为天，此举似星空推移，日月穿梭，给人以遐想。右手持杯盖，轻轻拨动茶汤，将浮在水面上的茶叶置于一端，并促进茶汤均匀。

十四、品香审韵（闻香）

“未尝甘露味，先闻圣妙香”，在还没有品饮茶汤之前，却先闻到了茶香，让人产生奇思妙想，这茶香也能让人细细回味。左手端起托杯，右手将杯盖的前沿下压，后沿翘起，然后从缝隙中间去闻香。

十五、玉液琼浆（品茶）

三口方为品，尽品玉琼浆。左手端起托杯，右手轻轻地将杯盖掀起一条缝，从缝隙中闻香。闻香之后，用拇指和食指握住品茗杯的杯沿，中指托着杯底，分三次将茶水细细品啜，这便是“品茶”了。

十六、述茶

简明扼要地阐述茶叶外形、茶汤的特点，并作结束表演的结束讲解。黄山毛峰芽壮锋毫，形如“雀舌”，色绿油润，香醇厚如兰。盖碗冲泡黄山毛峰茶艺表演到此结束，希望能带给大家美好的回味，谢谢欣赏！（鞠躬）

十七、收具

将摆在桌面上的器具摆放回原位。

注意事项：

（1）冲泡绿茶、花茶及红茶选用盖碗时应为瓷制。盖碗讲究天人合一，即盖为天，托为地，杯身为人。

（2）盖碗冲泡法可用于采用玻璃杯下投法的茶叶。

（3）选择器具应根据茶叶的类型及品饮者的人数而定，原则上是宜小不宜大。盖碗保温性比玻璃杯好，好的白瓷可充分衬托出茶汤的嫩绿明亮，且盖碗较为雅致，手感触觉是玻璃杯无法可比的。

（4）投茶量应根据器具的大小而定，原则上是（1∶50）～（1∶60），也可视品饮者需求做调整。

（5）水温同任务 1 中绿茶玻璃杯冲泡法。

实训安排

实训项目	绿茶盖碗泡法茶艺表演
实训要求	（1）能够熟练掌握绿茶盖碗泡法的基本程序 （2）能够进行绿茶盖碗泡法茶艺表演
实训时间	90 分钟
实训场所与工具	（1）可以进行茶艺表演的茶艺实训室 （2）摄像设备、音响、茶艺表演服饰 （3）茶荷、随手泡（或水壶）、瓷质盖碗、茶叶罐、茶巾、茶匙、茶则、奉茶盘、水盂、茶盘等 （4）茶叶：黄山毛峰、西湖龙井茶
实训方法	示范讲解、情境模拟、分组练习、茶艺表演

实训步骤及要求：

（1）教师示范并讲解绿茶盖碗泡法的基本步骤。

（2）学生分组练习绿茶盖碗泡法的基本操作。

（3）教师在学生的配合下进行茶艺表演。

（4）学生分组进行茶艺表演的练习。

项目八　掌握红茶茶艺

任务　学习红茶冲泡法

知识目标

掌握冲泡红茶的水温、茶水比、投茶量的要求

掌握红茶茶艺表演解说词的撰写

掌握何谓清饮法、何谓调饮法

实训目标

掌握红茶的冲泡方法

掌握红茶的冲泡程序

能够进行红茶茶艺表演解说

知识准备

一、红茶的冲泡方法

红茶性温、暖胃，是女性在寒冬必备的佳饮。许多人初走茶道，对红茶不甚了解，对于红茶的冲泡方法更是一知半解。大家都知道，一杯茶的味道好坏，跟它的冲泡方式是息息相关的。那么红茶的冲泡方法是什么？

（一）按红茶品种分

按红茶的品种分，红茶的冲泡方法大体可分为工夫红茶饮法和快速红茶饮法两种。这里主要介绍工夫红茶的冲泡方法。

工夫红茶饮法是中国传统的工夫红茶的品饮方法。工夫红茶包括小种红茶和工夫红茶，著名的有正山工夫小种、祁门工夫、云南工夫、政和工夫等，都属条茶类型，重视外形条索紧细纤秀，内质香高、色艳、味醇。品饮工夫红茶重在它的清香和醇味，所以多用冲泡法，即将 3～5 克红茶放入白瓷杯中，然后冲入沸水，几分钟后，先闻其香，再观其形，然后品味。一杯茶叶通常可冲泡 2～3 次。这种饮法，需要饮茶人在“品”字上下功夫，缓缓斟饮，细细品啜，在徐徐体味和欣赏之中，饮出茶的醇味，领会饮茶真趣，使自己心情欢愉，超然自得，获得精神上的升华。但享受这种清福，须如鲁迅先生所说：“首先必须有工夫，其次是练出来的特别感觉。”这话是很中肯的，大凡有丰富评茶经验的人，在品赏“工夫”中所获得的美感也越深，而鉴评经验的积累，就在于下功夫，多实践。

快速红茶饮法是当今社会发展起来的饮用方法，主要对红碎茶、袋泡红茶、速溶茶等品种而言。一般冲泡一次，多则两次，茶汁就很淡了。

（二）按红茶调味分

按红茶茶汤的调味与否，红茶的冲泡方法可分红茶清饮法和红茶调饮法。

在红茶中不加任何其他物品，保持红茶的真香和本味的饮法称为清饮法。冲泡时可用杯，亦可用壶，投茶量因人而异。清饮时，静品默赏红茶的真香和本味，味浓香永，最容易体会到黄庭坚品茶时感受到的“恰似灯下，故人万里，归来对影，口不能言，心下快活自省”的绝妙境界。

红茶调饮法是指在茶汤中加入调料，以佐汤味的一种方法。中国古时，团茶、饼茶都碾碎加调味品烹煮后饮用。现在的红茶调饮法，比较常见的是在红茶茶汤中加入糖、牛奶、柠檬片、咖啡、蜂蜜或香槟酒等。调料的种类和数量，随红茶饮用者的口味而定。

（三）按红茶茶具分

根据使用的茶具不同，红茶的冲泡方法可分为红茶杯饮法和红茶壶饮法。

一般情况下，工夫红茶、小种红茶、袋泡红茶等大多采用杯饮法，即置茶于白瓷杯中，用沸水冲泡后饮用。红碎茶和片末红茶则多采用壶饮法，即把茶叶放入壶中，冲泡后为使茶渣和茶汤分离，从壶中慢慢倒出茶汤，分置于各小茶杯中，便于饮用。

（四）按红茶茶汤浸出方法分

按茶汤的浸出方法，红茶的冲泡方法可分为红茶冲泡法和红茶煮饮法。

红茶冲泡法：即前面谈到的将茶叶置于茶杯或茶壶中，然后冲入沸水，静置几分钟后，待茶叶内含物溶入水中，即可饮用。

红茶煮饮法：多在客人餐前饭后饮红茶时用，特别是少数民族地区，多喜欢用长嘴铜壶煮红茶，或用咖啡壶煮早茶。将茶置于壶中，加入清水煮沸，然后冲入预先放好奶、糖的茶杯中，分给大家；也有的桌上放一盆糖、一壶奶，各人根据自己需要随意在茶中加奶、加糖。

品质优良的红茶，经过正确的方法冲泡后，其味道是非常香甜醇美的。希望大家阅读后，可以有所收获，能够亲手冲泡一杯好茶，品味健康人生。

二、红茶的冲泡程序

（一）家庭式泡法

（1）温壶。用沸水将茶叶及茶杯温热，冷的茶壶无法泡出红茶的原有风味。烧开水不要用铁制的水壶。

（2）倒入适量的茶叶。基本上是一茶匙茶叶泡一杯红茶的比例。

（3）冲泡。冲泡红茶的水要用沸腾的水，越热越好。放冷后再加热的开水无法冲出好味道。

（4）盖上壶盖。若冲泡碎茶叶，加入热水后，将滤茶网及茶叶拿开，再盖上壶盖，因为碎红茶易于冲泡，泡太久会苦涩，细长的茶叶，浸泡时间可以加长。

（二）观赏式泡法

（1）备具。将壶、公道杯、品茗杯、闻香杯放在茶盘上，茶道、茶样罐放在茶盘左侧，烧水壶放在茶盘右侧。

（2）赏茶。打开茶样罐，让来客欣赏茶叶的色和形。

（3）烫杯热罐。将开水倒入水壶中，然后将水倒入公道杯，接着倒入品茗杯中。

（4）投茶。按 1∶50 的比例把茶放入壶中。

（5）洗茶。右手提壶加水，左手拿盖刮去泡沫并将盖盖好，将茶水倒入闻香杯中。

（6）第一泡。将开水加入壶中，泡 1 分钟，趁机洗杯，将水倒掉，右手拿壶将茶水倒入公道杯中，再从公道杯斟入闻香杯，只斟七分满。

（7）鲤鱼跳龙门。用右手将品茗杯反过来盖在闻香杯上，右手大拇指放在品茗杯杯底上，食指放在闻香杯杯底，翻转一圈。

（8）游山玩水。左手扶住品茗杯杯底，右手将闻香杯从品茗杯中提起，并沿杯口转一圈。

（9）喜闻幽香。将闻香杯放在左手掌，杯口朝下，旋转 90°，杯口对着自己，用大拇指捂着杯口，放在鼻子下方，细闻幽香。

（10）品啜甘茗。三个口是一个品，要做三口喝，仔细品尝，探知茶中甘味。

（11）第二泡、第三泡操作同上。

另外，红茶的调味料也有许多，如柠檬、牛奶、蜂蜜、方糖等，可以调出各种不同的风味。

红茶是具有养胃、调理身体机能作用的好茶，在一年的任何季节里都适合饮用，尤其是适合上了年纪的人们，能很好地帮助他们养胃护胃，不过茶虽好，冲泡方法一定要对。

实践操作

祁门红茶茶艺表演

祁门红茶茶艺表演主要用具：瓷质茶壶、茶杯（以青花瓷、白瓷茶具为好）、赏茶盘或茶荷、茶巾、茶匙、奉茶盘、热水壶及风炉（电炉或酒精炉皆可）。茶具在表演台上摆放好后，即可进行祁红茶艺表演。

（一）“宝光”初现

祁门红茶条索紧秀，锋苗好，色泽并非人们常说的红色，而是乌黑润泽。国际通用红茶的英文名称为“blacktea”，即因红茶干茶的乌黑色泽而来。请来宾欣赏其色被称为“宝光”的祁红。

（二）清泉初沸

热水壶中用来冲泡的泉水经加热，微沸，壶中上浮水泡，仿佛“蟹眼”已生。

（三）温热壶盏

用初沸之水，注入瓷壶及杯中，为壶、杯升温。

（四）“王子”入宫

用茶匙将茶荷或赏茶盘中的红茶轻轻拨入壶中。祁红也被誉为“王子茶”。

（五）悬壶高冲

这是冲泡祁红的关键。冲泡祁红的水温要在 100℃，刚才初沸的水，此时已是“蟹眼已过鱼眼生”，正好用于冲泡。高冲可以让祁红茶叶在水的激荡下，充分浸润，以利于色、香、味的充分发挥。

（六）分杯敬客

用循环斟茶法，将壶中之茶均匀地分入每一杯中，使杯中之茶的色、味一致。

（七）喜闻幽香

一杯茶到手，先要闻香。祁红是世界公认的三大高香茶之一，其香浓郁高长，又有“茶中英豪”“群芳最”之誉。香气甜润中蕴藏着一股兰花之香。

（八）观赏汤色

红茶的红色，表现在冲泡好的茶汤中。祁红的汤色红艳，杯沿有一道明显的“金圈”。茶汤的明亮度和颜色，表明红茶的发酵程度和茶汤的鲜爽度。再观叶底，嫩软红亮。

（九）品味鲜爽

闻香观色后即可缓啜品饮。祁红味道以鲜爽、浓醇为主，滋味醇厚，回味绵长。与红碎茶浓强的刺激性口感有所不同。

（十）再赏余韵

一泡之后，可再冲泡第二泡茶。

（十一）三品得趣

祁红通常可冲泡三次，三次的口感各不相同，细饮慢品，徐徐体味茶之真味，方得茶之真趣。

（十二）收杯谢客

祁红性情温和，收敛性差，易于交融，因此通常用之调饮。然清饮更能领略祁红特殊的“祁门香”香气，领略其独特的内质、悠长的滋味、明艳的汤色。感谢来宾的光临，愿所有的爱茶人都像这红茶一样，相互交融，相得益彰。

实训安排

实训项目	红茶茶艺
实训要求	（1）能够熟练掌握红茶冲泡的基本方法 （2）能够熟练掌握冲泡红茶的基本程序 （3）能够进行祁门红茶茶艺表演
实训时间	90 分钟
实训场所与工具	（1）可以进行茶艺表演的茶艺实训室 （2）摄像设备、音响、茶艺表演服饰 （3）茶荷、随手泡（或水壶）、紫砂壶、盖碗、茶叶罐、茶巾、茶匙、茶则、奉茶盘、水盂、茶盘等 （4）茶叶：祁门红茶、滇红工夫、正山小种
实训方法	示范讲解、情境模拟、分组练习、茶艺表演

实训步骤及要求：

（1）教师示范并讲解冲泡红茶的基本步骤。

（2）学生分组练习冲泡红茶的基本操作。

（3）教师在学生的配合下进行祁门红茶茶艺表演。

（4）学生分组进行茶艺表演的练习。

（5）学生完成实训报告。

实训报告单

实训项目名称

组别	班级	小组成员姓名	学号	分工情况	小组成员互评	教师点评

任务总结

红茶温和醇厚，适合清饮，也可调饮，特别在寒冷的冬季，一杯暖暖的红茶无疑会为生活增添几许温馨和浪漫。红茶的品饮方式较多，在中国较为传统和普遍的品饮红茶的方式是清饮法，并多采用冲泡的方式。红茶冲泡时水温为 95℃以上的开水，茶水比为 1∶50，需要洗茶，即头泡的茶汤要弃之，冲茶时可采用悬壶高冲的手法，使茶汤充分浸出。

项目九 掌握乌龙茶茶艺

任务1 学习乌龙茶冲泡法

知识目标

熟练掌握乌龙茶紫砂壶冲泡法的冲泡流程

实训目标

掌握紫砂壶冲泡乌龙茶的冲泡方法与技巧

任务导入

名茶与茶具总是珠联璧合的。历史上品饮乌龙茶的茶具十分考究，备有一套小巧精致的茶具，称为“茶房四宝”，即潮汕炉——广东潮州、汕头出产的陶瓷风炉或白铁皮风炉；玉书碨——扁形薄磁的开水壶，容水量约250毫升；孟臣罐——江苏宜兴产的用紫砂制成的小茶壶，容水量约 50 毫升；若琛瓯——江西景德镇产的白色小瓷杯，一套4只，每只容水量约5毫升。当今泡饮乌龙茶的茶具仍然脱离不了这“茶房四宝”，只是有所变化，更趋实用化、方便化。普遍使用的“茶房四宝”有小电炉、钢质开水壶（也有电炉与开水壶配套称为“随手泡”），钢质茶盘（或塑料茶盘），“白瓷盖碗”（钟形，高5.5厘米，口径8.2厘米，底径4.5厘米。这种盖碗放茶叶、嗅香气、冲开水、倒茶渣都很方便）和小茶杯，这样才具备泡饮乌龙茶的条件。

知识准备

乌龙茶属于半发酵茶，为中国特有的茶类，至今已有1000多年的历史。乌龙茶主要产于福建的闽北、闽南及广东、台湾等地，四川、湖南等省也有少量生产。乌龙茶除了内销广东、福建等省外，主要出口日本、东南亚等国家和地区。其主要生产地区是福建省安溪县等地。

实践操作

乌龙茶的冲泡步骤

（一）摆具

将茶具一一摆好，茶壶与茶盅并排置于茶盘之上，闻香杯与品茗杯一一对应，并列而立，茶壶置于左手边。

（二）赏茶

用茶匙将茶叶轻轻拨入茶荷内，供来宾欣赏。

（三）温壶

温壶不仅要温茶壶，还要温茶盅。用左手拿起茶壶，注满茶壶，接着右手拿壶，注满茶盅。

（四）温杯

将茶盅内的热水分别注入闻香杯中，用茶夹夹住闻香杯，旋转 360°后，将闻香杯中的热水倒入品茗杯。同样用茶夹夹住品茗杯，旋转 360°后，将杯中水倒入涤方或茶盘。

（五）投茶

将茶荷的圆口对准壶口，用茶匙轻拨茶叶入壶。投茶量为 1/2～2/3 壶。

（六）洗茶

左手执茶壶，将 100℃的沸水高冲入壶。盖上壶盖，淋去浮沫。立即将茶汤注入茶盅，分于各闻香杯中。洗茶之水可以用于闻香。

（七）高冲

执茶壶高冲沸水入壶，使茶叶在壶中尽量翻腾。第一泡时间为 1 分钟，1 分钟后，将茶汤注入茶盅，分到各闻香杯中。

（八）奉茶

闻香杯与品茗杯同置于杯托内，双手端起杯托，送至来宾面前，请客人品尝。

（九）闻香

先闻杯中茶汤之香，然后将茶汤置于品茗杯内，闻杯中的余香。

（十）品茗

闻香之后可以观色品茗。品茗时分三口进行，从舌尖到舌面再到舌根，不同位置香味也各有细微的差异，需细细品，才能有所体会。

（十一）再次冲泡

第二次冲泡的手法与第一次相同，只是时间要比第一泡增加 15 秒，以此类推，每冲泡一次，冲泡的时间也要相对增加。优质乌龙茶内质好，如果冲泡手法得当，可以冲泡数次，每次的色、香、味甚至能基本相同。

（十二）奉茶

自第二次冲泡起，奉茶可直接将茶分至每位客人面前的闻香杯中，然后重复闻香、观色、品茗、冲泡的过程。

实训安排

实训项目	乌龙茶紫砂壶冲泡法
实训要求	（1）能够熟练掌握乌龙茶紫砂壶冲泡流程 （2）选择冲泡乌龙茶的最佳茶具
实训时间	90 分钟
实训场所与工具	（1）可以进行茶叶鉴别的茶艺实训室 （2）多媒体教室、各类茶具、乌龙茶
实训方法	示范讲解、分组练习、小组讨论

实训步骤及要求：

（1）教师展示并讲解并示范乌龙茶紫砂壶冲泡流程。

（2）学生分组练习。

（3）学生完成实训报告。

实训报告单

实训项目　　　　　　　　班级　　　　组别　　　　姓名　　　　学号

序号	冲泡流程	注意事项
1		
2		
3		
4		
5		
6		
7		

任务总结

俗话说“三分茶七分泡”，冲泡乌龙茶也需要一定的冲泡技巧。要想领略乌龙茶的香韵，茶具的选择一定要讲究。接待客人时冲泡茶器宜选用宜兴紫砂壶或小盖碗。杯具建议使用精巧的白瓷小杯或用闻香杯和品茗杯组成对杯。选壶时可根据人数来选择，以年代久远的宜兴老壶为宜。在开泡前需要先用开水淋壶烫杯，以此来提高茶器的温度，有助于使乌龙茶的茶性发挥得淋漓尽致。冲泡乌龙茶，需要用 100℃的沸水来冲泡。若水温不够，用于冲泡乌龙茶劲力不足，泡出的茶就会香味不全。但如果水温过高，水中溶解的氧气、二氧化碳气体已挥发掉，泡出的茶汤就会不够鲜爽。泡饮乌龙茶，要边冲泡，边品饮。浸泡的时间过长，茶汤滋味就会散失且苦涩，出汤太快则滋味浅淡无味。冲泡乌龙茶，应根据品种、室温、客人口感及选用的壶具来掌握出汤的时间。温润乌龙茶后，第一泡适宜浸泡大约 15 秒钟，品饮后可再根据茶汤的浓淡，来确定出汤的最佳时间。好的乌龙茶七泡有余香，因此，冲泡乌龙茶，一般不超过 7 次。

任务 2　学习乌龙茶盖碗冲泡法

知识目标

熟练掌握乌龙茶盖碗冲泡法的冲泡流程

实训目标

掌握盖碗冲泡乌龙茶的冲泡方法与技巧

任务导入

许多人喜欢用盖碗冲泡乌龙茶，究其原因，大致可以总结为以下几个方面：一是因为习惯。习惯成自然，平时习惯了用盖碗，用它泡乌龙茶的时候也是情理之中的事情。二是因为盖碗能保持茶的真实味道。盖碗泡乌龙茶，不为其增色也不会减分，而紫砂，多少是会吸香的。三是因为品茶的必要。盖碗因为是瓷制，对于叶底、茶色的欣赏和闻香这些都是比较适合的，能够更好地品鉴乌龙茶的精髓。四是因为茶道的使然。器，由繁入简，由简入繁，大道至简，盖碗为中庸之道，冲泡清洗都简单，正是“简”的浓缩。

知识准备

盖碗也称“三才杯”，暗含天地人和之意，用来冲泡乌龙茶（安溪铁观音是乌龙茶中的极品）。在福建省安溪县，审评师在评审茶叶等级时，通常都用盖碗泡法。用盖碗冲泡乌龙茶便于观色闻香，所以专业茶师都偏爱用盖碗泡法。用盖碗泡乌龙茶，具有简便、易学、不吸味、导热快、实用、高雅而优美等优点。现在市场有售 5 克、7 克、10 克等不同容量的盖碗，很容易就能根据自己所买的盖碗来定投茶量。

实践操作

乌龙茶盖碗泡茶法步骤

乌龙茶盖碗泡茶法所选用的茶具为茶盘、茶巾、煮水器、盖杯、茶杯、茶船、渣匙、茶盅等。具体泡茶步骤如下。

（一）看干茶

先审察干茶的形状与色泽，以了解茶叶品质特性。

（二）烫茶具

以沸水冲泡洗茶碗、茶具以保证卫生。

（三）放置茶叶

参酌茶叶特性，放置茶壶容量 1/3 的茶叶。

（四）冲泡

以沸水冲入壶中，冲满即刻盖好，冲泡开水温度以 95～100℃为宜，可以多次冲泡以供长时间品饮。

（五）冲茶碗

将热水冲入杯内，用杯盖轻拨泡沫，再将杯盖上泡沫冲掉，盖上杯盖。

（六）冲泡时间

冲泡时间由短而长，第一次短而后逐次增长。泡茶时间长短不同，茶汤中可溶物的量与质亦不同，因此冲泡茶的时间长短直接影响茶汤品质。

（七）温杯

将茶杯先用沸水冲净烫温，以助长香味，兼重卫生。

（八）倾倒茶汤

将冲泡出来的茶汤，先倾入茶海，使其浓度均一，茶末沉淀，然后均匀地注入茶杯供饮。

（九）品茶

乌龙茶具有明显的花果香，香气清纯持久，芳香甘醇，生津解渴，提神醒脑，滋味特别甘醇。

实训安排

实训项目	乌龙茶盖碗冲泡法
实训要求	（1）能够熟练掌握乌龙茶盖碗冲泡的流程 （2）选择冲泡乌龙茶的最佳茶具
实训时间	90 分钟
实训场所与工具	（1）可以进行茶叶鉴别的茶艺实训室 （2）多媒体教室、各类茶具、乌龙茶
实训方法	示范讲解、分组练习、小组讨论

实训步骤及要求：

（1）教师展示并讲解示范乌龙茶盖碗冲泡流程。

（2）学生分组练习。

（3）学生完成实训报告。

实训报告单

实训项目　　　　　　　　班级　　　　组别　　　　姓名　　　　学号

序号	冲泡流程	注意事项
1		
2		
3		
4		
5		
6		
7		
8		
9		

任务总结

盖碗冲泡乌龙茶的好处主要体现在：首先，碗口较大，便于冲泡茶叶，碗底圆小，注入开水，茶叶在碗底翻滚，易泡出茶味。其次，碗盖使香气凝集，揭开碗盖，茶香四溢，用盖赶浮叶，不使之沾唇，便于品饮。最后，茶船（杯托）可免端茶烫手，若碗里溢出茶水，流入茶船，便于端茶敬客。

任务3　学习铁观音茶艺表演

知识目标

了解铁观音茶艺表演的相关知识

实训目标

熟练掌握乌龙茶茶艺表演

任务导入

安溪铁观音茶的泡饮方法别具一格，自成一家。首先，必须严把用水、茶具、冲泡三道关。“水以石泉为佳，炉以炭火为妙，茶具以小为上”，意思就是水以山泉水最好，茶具以小巧方便为佳，如果用炭火来烧水那是最好不过的。

知识准备

铁观音茶，中国传统名茶，属于青茶类，是中国十大名茶之一，是乌龙茶类的代表。原产于福建泉州市安溪县西坪镇，发现于1723～1735年。“铁观音”既是茶名，也是茶树品种名。铁观音茶介于绿茶和红茶之间，属于半发酵茶类，铁观音独具“观音韵”，清香雅韵，冲泡后有天然的兰花香，滋味纯浓，香气馥郁持久，有“七泡有余香”之誉。除具有一般茶叶的保健功能外，还具有抗衰老、抗动脉硬化、防治糖尿病、减肥健美、防治龋齿、清热降火、敌烟醒酒等功效。铁观音含有较高的氨基酸、维生素、矿物质、茶多酚和生物碱，有多种营养和药效成分，具有养生保健的功能。

实践操作

铁观音茶艺表演

（一）孔雀开屏（展示茶具）

铁观音冲泡的茶具包括随手泡、茶道组（茶则、茶夹、茶漏、茶匙、茶针）、茶叶筒、茶巾、杯托、茶盘、品茗杯、闻香杯、紫砂壶等。

（二）佳叶共赏（赏茶）

与来宾共同鉴赏茶叶的外观特征。

（三）孟臣净心（烫洗紫砂壶）

惠孟臣是明代制作紫砂壶的大师，所以紫砂壶又称孟臣罐。

（四）高山流水（烫洗品茗杯）

将紫砂壶中的水连绵不断地倒入品茗杯中。

（五）投茶入宫（或乌龙入宫——投茶）

将茶荷里面的茶叶用茶匙拨入紫砂壶中，要注意投茶量。

（六）芳草回春（润茶）

用开水迅速将茶叶稍稍润湿，以达到启发茶性的作用。

（七）分承香露（烫洗闻香杯）

铁观音茶一般讲究“头泡汤、二泡茶、三泡四泡是精华”，所以一泡的茶汤是不饮用的。

（八）悬壶高冲（泡茶）

茶叶讲究“高冲低斟”，所以泡茶一定要高冲水，击打茶叶，充分冲出茶韵。

（九）春风拂面（刮沫）

将泡茶冲出的白色泡沫用茶盖轻轻拭去。

（十）涤尽凡尘（清洗紫砂壶表面）

用开水再浇淋壶面，再次洁净茶具，表示对客人的尊敬。

（十一）内外养身（提高壶温）

将闻香杯中的水浇灌在壶表面，以达到壶内外温度一致，这样能够将铁观音茶的茶韵体现得更加明显。

（十二）若琛听泉（清洗品茗杯）

将品茗杯中的水倒掉。

（十三）游山玩水（擦拭、摇动紫砂壶）

拿起茶壶轻轻旋转，使茶汤混合均匀。

（十四）观音出海

将泡好的茶汤倒入公道杯中，起到过滤茶渣、均匀茶汤的作用。

（十五）关公巡城（向闻香杯中倒入茶汤）

将茶汤斟入闻香杯中。

（十六）韩信点兵（凤凰三点头，均匀茶汤）

当公道杯中的茶汤所剩不多时，则应将巡回斟茶改为点斟。

（十七）敬奉香茗（奉茶）

将泡好的茶汤整齐地摆放在奉茶盘上，奉送给客人，并行奉茶礼。

（十八）乾坤旋转（翻转品茗杯）

将品茗杯翻转过来。

（十九）高屋建瓴（品茗杯倒置于闻香杯上）

将翻转过来的品茗杯盖在闻香杯上。

（二十）斗转星移（倒转品茗杯和闻香杯）

将扣合的闻饮对杯翻转过来。

（二十一）空谷幽兰（闻香）

铁观音有独特的兰花香气，清香四溢。

（二十二）三龙护鼎（端杯）

三根手指喻为三条龙，品茗杯喻为鼎。

（二十三）鉴赏汤色（看汤色）

铁观音的汤色金黄明亮，呈琥珀色。

（二十四）共品香茗（品茶）

介绍茶叶的口感，并谢茶收具。

实训安排

实训项目	铁观音茶艺表演
实训要求	（1）能够熟练掌握铁观音茶艺表演流程 （2）选择冲泡铁观音的最佳茶具
实训时间	90分钟
实训场所与工具	（1）可以进行茶叶鉴别的茶艺实训室 （2）多媒体教室、各类茶具、铁观音
实训方法	示范讲解、分组练习、小组讨论

实训步骤及要求：

（1）教师展示并讲解演示铁观音茶艺表演流程。

（2）学生分组练习。

（3）学生完成实训报告。

实训报告单

实训项目　　　　班级　　　　组别　　　　姓名　　　　学号

序号	冲泡流程	分步骤解说
1		
2		
3		
4		
5		

续表

序号	冲泡流程	分步骤解说
6		
7		
8		
9		
10		

任务总结

冲泡艺术是讲究理趣并存的程序，讲究形神兼备。茶的冲泡程序可分为：备茶、赏茶、置茶、冲泡、奉茶、品茶、续水、收具。铁观音最好用盖碗或紫砂壶等陶瓷茶具冲泡，尽量用纯净水，每次冲泡都要沸水为佳，第 1 道水洗茶和暖杯，第 2 道水 15～30 秒为佳，到第 5 道后浸泡时间稍加延长，不超过 7 道茶水。若是春茶基本是 5 道，无明显茶香后属茶渣，虽有味实无保健之效。铁观音非越久越好喝，品茶以新茶为佳，且上好铁观音有酸度，若久存则酸度渐失去。

在冲泡行茶过程中，身体保持良好的姿态，头要正、肩要平，动作过程中眼神与动作要和谐自然。在泡茶过程中要沉肩、垂肘、提腕。要用手腕的起伏带动手的动作，切忌肘部高高抬起。冲泡过程中左右手要尽量交替进行，不可总用一只手去完成所有动作，并且左右手尽量不要有交叉动作。冲泡时要掌握高冲低斟原则，即冲水时可悬壶高冲，或根据泡茶的需要采用各种手法，但将茶汤倒出时，就一定要压低泡茶器，使茶汤尽量减少在空气中的时间，以保持茶汤的温度和香气。

项目十　掌握普洱茶茶艺

任务1　冲泡普洱散茶

知识目标

熟练掌握普洱散茶的冲泡流程

实训目标

掌握普洱散茶的冲泡方法与技巧

任务导入

宝玉靸了鞋，便迎出来，笑道：“我还没睡呢。妈妈进来歇歇。”又叫：“袭人倒茶来。”林之孝家的忙进来，笑说：“还没睡？如今天长夜短了，该早些睡，明儿起的方早。不然，到了明日起迟了，人笑话说不是个读书上学的公子了，倒像那起挑脚汉了。”说毕，又笑。宝玉忙笑道：“妈妈说的是。我每日都睡的早，妈妈每日进来可都是我不知道的，已经睡了。今儿因吃了面怕停住食，所以多顽一会子。”林之孝家的又向袭人等笑说：“该沏些个普洱茶吃。”袭人晴雯二人忙笑说：“沏了一盄子女儿茶，已经吃过两碗了。大娘也尝一碗，都是现成的。”说着，晴雯便倒了一碗来。

（节选自《红楼梦》第六十三回“寿怡红群芳开夜宴　死金丹独艳理亲丧”）

知识准备

普洱茶是以云南大叶种晒青茶为原料，并采用特定的加工工艺制成的，具有独特品质的茶叶。普洱茶是一种具有独特加工方式的茶叶种类，包括直接加工为成品的生普和经过人工速成发酵后再加工而成的熟普。在制型上，普洱茶又可以分为散茶和紧压茶两类，紧压茶又分为砖茶、饼茶、沱茶、团茶。正是由于普洱茶富有如此之多的种类，所以，冲泡普洱茶是一门艺术，它富于变化，富有个性，富于创造，而不是一种一成不变的“定式”。

普洱茶的冲泡方法是随着历史而不停改变的，由唐代以前的烹茶方式，宋代的点茶法，至明代废团茶而改用散茶后，冲泡茶的方法才渐渐有了固定的形式。现代中国茶的冲泡方法大致上可分为盖碗或茶壶。要沏一手好茶，先要掌握使用器具的技巧，如此亦可免烫伤。

实践操作

普洱茶的冲泡

普洱茶的冲泡一般分为选器、投茶、洗茶、泡茶、出汤、分茶这几个步骤。

（一）选器

冲泡普洱茶的茶器宜选择容量较大的，这与冲泡乌龙茶的选器标准“以小为贵”不同，因为容量大的茶器可以避免冲泡出的茶汤过浓。

（二）投茶

冲泡普洱茶时，投茶量要随着所选茶器的容量有所变化，一般一泡茶的干茶分量约占所选茶器的 1/5，稍没过茶器底即可。

（三）洗茶

沸水入器，涤尘润茶，洗茶是为了去除干茶上的浮灰，同时“唤醒”茶味。对于普洱茶，“洗茶”这一过程必不可少，这是因为，大多数普洱茶储藏时间都比较久，所以容易沉积茶粉和尘埃。洗茶不仅可以去其杂味，清洁茶叶，还能起到温茶、醒茶的作用，但洗茶的速度一定要快，以免影响茶汤滋味。

（四）泡茶

洗茶之后，再将沸水注入茶器中，加以闷泡便可，时间可依自己的口味掌握。

（五）出汤

影响泡茶质量的一个关键因素即为冲泡时间，建议第一泡闷泡的时间不宜过长，以免茶汤过浓，影响茶汤质量，随后每泡时间逐渐递增即可。普洱茶比一般的茶叶都要耐泡，一般可以连续冲泡 10～20 次，老茶可以冲泡 25 次，甚至更多，直到茶汤味道很淡为止。

（六）分茶

将公道杯中的茶汤分到杯中，这样就能轻松享受普洱茶味了。

实训安排

实训项目	普洱散茶的冲泡
实训要求	（1）能够熟练掌握普洱散茶的冲泡流程 （2）选择冲泡普洱散茶的最佳茶具
实训时间	90 分钟

续表

实训场所与工具	（1）可以进行茶叶鉴别的茶艺实训室 （2）多媒体教室、各类茶具、普洱散茶
实训方法	示范讲解、分组练习、小组讨论

实训步骤及要求：

（1）教师展示并讲解示范普洱散茶的冲泡流程。

（2）学生分组练习。

（3）学生完成实训报告。

实训报告单

实训项目　　　　　　　　班级　　　　组别　　　　姓名　　　　学号

序号	冲泡流程	注意事项
1		
2		
3		
4		
5		
6		

任务总结

普洱茶是以云南省一定区域内的云南大叶种晒青毛茶为原料，经过后发酵加工制作而成。普洱散茶外形条索粗壮肥大，呈乌润或红褐色，散发出独特的陈香。其滋味醇厚回甘，汤色红浓明亮，叶底肥厚。冲泡普洱散茶要依照其特点，选取适当的茶具、冲泡用水，方能冲泡出其中之味。

任务 2　冲泡普洱饼茶

知识目标

熟练掌握普洱饼茶的冲泡流程

实训目标

掌握普洱饼茶的冲泡方法与技巧

任务导入

“圆如三秋皓月，香于九畹之兰。”这是乾隆皇帝对七子饼的评价。在特殊的地理环境和特殊的时间下，为了方便运输，把普洱茶“蒸而团之，紧压成型”，每七饼装一筒，七子饼从而得名。七子饼茶形似圆月，是云南传统出口品种，畅销我国港、澳地区和东南亚一带。

知识准备

喝茶前的准备工作

（一）选水

水与茶的关系，古人有许多精辟的观点，如“无水不可与论茶”“茶性必发于水，八分之茶，遇十分之水，茶亦十分；八分之水，试十分之茶，茶只八分耳”等。

云南品茶用水丰富，山泉众多。昆明附近有许多好山泉，如西郊的妙高寺、西山，宜良县的宝洪寺，澄江县的西龙塘等，都有品茶好水。山泉水对茶性的展现各具特点：有显香的、显醇的、显甘甜的、显活性的；也有同时兼顾几个特点的。选水一般以甘洁、鲜活、清冽、泡茶时不显涩味、茶叶汤色稳定为首选。现今云南很多茶人或爱茶人喜欢到野外取水，以活水烹茶，达到香茗美泉两相宜的境界。新鲜山泉对于提高茶叶的活性和香气有着积极的作用，但就普洱茶尤其是陈年茶而言，山泉水如经过陶缸“养水”后再烹茶，对于展现普洱茶的“陈韵”效果更佳。

（二）选器皿

（1）茶壶。普洱茶的泡茶器皿以宜兴紫砂壶为首选。紫砂壶的良好透气性和吸附作用有利于提高普洱茶的醇度，提高茶汤的亮度。茶壶容积相对宽松，便于茶条舒张和滋味的浸出。这与乌龙茶用壶“以小为贵”恰恰相反。二三人同饮普洱茶，一般用250毫升的紫砂壶，人多时可用300～400毫升的茶壶冲泡。刚买到的新壶要用茶水煮一煮，以去除“窑味”和土味，并经使用一段时间（俗称“养壶”）后再冲泡好茶，达到“壶熟茶香”的效果。此外，用瓷壶和瓷盖碗茶具也可冲泡普洱茶。

（2）烧水具。现今常用“随手泡”烧水，比较方便。冲泡一些比较好的普洱茶时，应以铜壶或砂壶明火烧水，以保持泉水的活性和提高水温。

（3）茶杯。一般以白瓷或青瓷为宜，以便于观赏普洱茶的汤色。茶杯应大于工夫茶（乌龙茶）用杯，以厚壁大杯大口饮茶，这既适应普洱茶醇厚香甜的特性，也比较贴近云南人的饮茶习俗。

（4）公道杯。以质地较好的透明玻璃具为首选。普洱茶以茶汤晶莹亮丽、颜色多变而著称。人们常常把云南普洱茶的汤色比喻为“陈红酒”“琥珀”“石榴红”“宝石红”等。观色已成为普洱茶艺中的一道独特风景。普洱茶的茶汤色泽和质地因茶叶的产地、制作工艺、用料、储藏环境、陈化年限等不同而呈现出不同的变化。观茶汤既是审美也是评价茶质好坏的重要环节。

（5）茶针和茶刀。茶针和茶刀以硬木或硬竹子制作，用于紧压茶的解块。通过逐层拨茶，既能保持茶条的完整，减少碎末茶，又便于表茶与里茶的搭配，准确反映紧压茶的品质。

（三）备茶

对于普洱紧压茶，茶性有里外之分，即便是一块里外用料一致的紧压茶，随着存放时间的延续，表茶和里茶的茶性也有区别。所以，在饮用之前，应将紧压茶解散，放入陶罐里让其散散气，同时让表茶与里茶混合均匀。品饮前，用茶刀把压制成型的普洱茶剥开、拆散，是普洱冲泡的第一步，从这一步开始，茶刀如长生剑一般，划破普洱茶陈年的历史，把一片片经历过时间历练的茶叶展示在我们面前。

（四）熟悉茶性

云南普洱茶有散茶和紧压茶之分、新旧之分、生茶和熟茶之分；发酵茶有轻发酵、适度发酵、重发酵等，茶性各不相同。每一种普洱茶都有其独自的个性，只有熟悉所泡茶叶的个性，再通过娴熟的冲泡，才能展现出茶的个性美。茶性决定了茶具的选择、投茶量多少、水温的高低、冲泡节奏快慢，甚至于选用什么水。茶性与冲泡方法之间有着许多微妙的关系。就云南普洱茶的冲泡技巧而言，粗老茶不同于细嫩茶，生饼不同于熟饼，陈茶不同于新茶，轻发酵茶不同于较重发酵茶，“苦涩底”茶（苦涩味偏重）不同于“甜底”茶等。因此，对一种普洱茶要进行必要的试泡，通过试泡熟悉茶性，确定冲泡要领。

实践操作

一、冲泡方式

（一）宽壶留根闷泡法

对于品质较好的普洱茶采取“宽壶留根闷泡法”。“留根”就是经“洗茶”后从始至终将泡开的茶汤留在茶壶里一部分，不把茶汤倒干。一般采取“留四出六”或“留半出半”。每次出茶后再以开水添满茶壶，直到最后茶味变淡。“闷泡”是指泡茶时间相对较长，节奏讲究一个“慢”字。“留根”和“闷泡”道出了云南普洱茶的茶性。采取留根和闷泡，既能调节从始至终的茶汤滋味，又为普洱茶的滋味形成留下充分的时间和余地，达到“茶熟香温”的最佳境界。现实中常常会见一部分储藏不当而茶叶质地却很好的普洱茶，要么轻度受潮，要么串味，开汤时茶味不够纯正，但浓甜度和醇厚度尚可。对于这类茶叶，冲泡时也采用以宽壶闷泡法，只是头一、二泡不留根，三泡起再留根闷泡。

（二）中壶“工夫茶”泡法

这种方法是指现冲现饮，每次倒干，不留茶根。茶壶的容积因饮茶者的数量而定。用此方法也能冲泡好云南普洱茶，如对部分比较新的普洱茶或有轻异味的茶，使用中型壶现冲现饮，头几泡除去新异味，提高后几泡的纯度。对于部分重发酵茶，采取快冲倒干法便于避免茶汤发黑。对于苦涩味较重的茶叶，中壶快冲能减轻苦涩味。对于一部分采用机械揉捻制作晒青的普洱茶品，因茶味浸出较快，冲泡时也以此法为宜。

（三）盖碗冲泡法

此法有利于提高冲泡温度，提高茶叶的香气，比较适宜于冲泡粗老普洱茶。但对于一些细嫩茶，要求冲泡者要手艺娴熟，否则会出现“水闷气”或烫熟茶叶的现象。盖碗冲泡一定程度上减少了器皿对茶汤醇度的有利影响，比较适合评茶。

二、冲泡中需注意的问题

（一）投茶量

冲泡普洱茶时，投茶量的大小与饮茶习惯、冲泡方法、茶叶的个性有着密切的关系，富于变化。就饮茶习惯而言，港台、福建、两广等地习惯饮酽茶；云南也以浓饮为主，只是投茶量略低于前者。江浙、北方喜欢淡饮。就云南人的饮茶习惯而言，采用留根闷泡法时，冲泡品质正常的茶叶，投茶量与水量比一般为 1∶40 或 1∶45。对于其他地区的消费者，可以此为参照，通过增减投茶量来调节茶汤的浓度。如果采用“工夫”泡法，投茶量可适当增加，通过控制冲泡节奏的快慢来调节茶汤的浓度。就茶性而言，投茶量的多少也有变化。例如，熟茶、陈茶可适当增加，生茶、新茶适当减少等。切忌一成不变。

（二）泡茶水温

水温的掌握，对茶性的展现有着重要的作用。高温有利于发散香味，有利于茶味的快速浸出，但也容易冲出苦涩味，容易烫伤一部分高档茶。确定水温的高低，一定要因茶而异。例如，用料较粗的饼砖茶、紧压茶和陈茶等适宜沸水冲泡；用料较嫩的高档芽茶（如较新的宫廷普洱）、高档生饼适宜适当降温冲泡，避免高温将细嫩茶烫熟成为“菜茶”。云南大部分地区属于高原，沸水温度低于沿海、平原地区，如昆明的沸水温度在94℃左右，适合直接冲泡绝大多数熟茶，对于生茶，除部分高档茶外，大部分也可直接用沸水冲泡。在冲泡部分高档新生茶时，除直接降温外，还可通过不加壶盖或沸水高冲来降低水温，避免因茶叶烫熟而产生“水闷气”。

（三）冲泡时间

控制冲泡时间的长短，目的是为了让茶叶的香气、滋味展现充分、准确。如前所述，云南普洱茶的制作工艺和原料选择的特殊性，决定了冲泡的方式方法和冲泡时间的长短。冲泡时间的掌握，就规律而言：陈茶、粗茶冲泡时间长，新茶、细嫩茶冲泡时间短；手工揉捻茶冲泡时间长，机械揉捻茶冲泡时间短；紧压茶冲泡时间长，散茶冲泡时间短。具体掌握时，要根据茶叶的特性决定。例如，用 350 毫升紫砂壶“宽壶留根闷泡法”冲泡 20 世纪 80 年代生产的中档七子熟饼“7572”（勐海产）时，投茶量 6～8 克，经“洗茶”后注入沸水，闷泡 5 分钟后，倾出二分之一即可饮用。用同一方法冲泡同时期的中档生饼时，投茶 5～7 克，经“洗茶”后注入沸水，闷泡 5 分钟左右即可饮用。如用此法冲泡民国时期的紧茶时，投茶量适当增加，闷泡时间可延长到 5～7 分钟。对一些苦涩味偏重的新茶，冲泡时要控制好投茶量，缩短冲泡时间，以改善滋味。

（四）关于“洗茶”

“洗茶”这一概念出现于明代。明代《茶谱》载：“凡烹茶，先以热汤洗茶叶，去其尘垢、冷气，烹之则美。”对于普洱茶，“洗茶”这一过程必不可少。这是因为，大多数普洱茶都是隔年甚至数年后饮用的，储藏越久，越容易沉积脱落的茶粉和尘埃，通过“洗茶”达到“涤尘润茶”的目的。对于品质比较好的普洱茶，“洗茶”时应注意掌握节奏，杜绝多次“洗茶”或高温长时间“洗茶”，以减少茶味流失。

实训安排

实训项目	普洱饼茶的冲泡
实训要求	（1）能够熟练掌握普洱饼茶的冲泡流程 （2）选择冲泡普洱饼茶的最佳茶具
实训时间	90 分钟
实训场所与工具	（1）可以进行茶叶鉴别的茶艺实训室 （2）多媒体教室、各类茶具、普洱饼茶
实训方法	示范讲解、分组练习、小组讨论

实训步骤及要求：

（1）教师展示并讲解示范普洱饼茶的冲泡流程。

（2）学生分组练习。

（3）学生完成实训报告。

实训报告单

实训项目　　　　　　　　　班级　　　　组别　　　　姓名　　　　学号

序号	冲泡流程	注意事项
1		
2		
3		
4		
5		
6		

任务总结

七子饼茶是普洱茶最具代表性的体现，在特殊的地理环境和时间下产生，历史悠久，滋味醇厚绵长，独具特色。冲泡普洱饼茶要了解、熟悉这些特点，做到茶人合一，方能冲泡出普洱饼茶的独特韵味。

任务3　学习普洱茶茶艺表演

知识目标

了解普洱茶茶艺表演的相关知识

实训目标

熟练掌握普洱茶茶艺表演

任务导入

茶马古道是指存在于中国西南和西北地区，以马为主要交通工具的民间国际商贸通道，是中国西南民族经济文化交流的走廊。茶马古道是一个非常特殊的地域称谓，是一条世界上自然风光壮观、文化极为神秘的线路，它蕴藏着开发不尽的文化遗产。其源于古代西南边疆和西北边疆的茶马互市，兴于唐宋，盛于明清，“二战”中后期最为兴盛。茶马古道主要有三条线路：即青藏线（唐蕃古道）、滇藏线和川藏线，连接川、滇、藏，延伸入不丹、尼泊尔、印度境内（此为滇越茶马古道），直到西亚、红海海岸。在这三条茶马古道中，青藏线兴起于唐朝时期，发展较早；而川藏线在后来的影响最大，最为知名。这三条道路都与昌都有着密切的关系，其中，滇藏线和川藏线必须经过昌都，它们的发展是与茶马贸易密切相关的。

知识准备

普洱茶茶艺表演可参照如下流程。

一、备具

表演前准备挂画、点香、插花，配合所喝的茶，插不同的花。

二、赏水

待煮水器中的水微滚，发出鸣声。陆羽《茶经》中有三沸之说，静坐炉边听水声，初沸如鱼目，微有声；二沸如涌泉连珠；三沸腾波鼓浪。

三、温杯

涤具温杯。先温杯再泡茶，提高杯具的温度。

四、赏茶

精品鉴赏。让客人鉴赏普洱茶，油亮美观的茶叶，还未冲泡已令人神往。

五、投茶

普洱入宫。宫者，室也，将茶轻置于杯中，如请佳人轻移莲步，登堂入室，满室生香。

六、洗茶

此举既可洗去尘埃，又表示茶人品性高洁，一尘不染。

七、泡茶

泡茶动作如行云流水，画出高雅的弧线，表现有韵律的动感。

八、分茶

分茶入杯，中国人认为：每位客人斟茶时无富贵贫贱之分，倒的是同一把壶中泡出的同浓淡的茶汤，如观音普度，众生平等。

九、奉茶

敬茶献茶。茶艺员恭恭敬敬地将茶奉送给宾客，并行奉茶礼。

十、观色

杯里观色。普洱茶的茶汤色泽枣红而清亮。

十一、品茗

品香审韵。品饮普洱茶，第一口进入口中，稍停片刻，细细感受茶的醇度；第二口滚动舌头，体会普洱茶的润滑和甘厚；第三口，领略普洱茶的顺柔和陈韵。

实践操作

进行普洱茶茶艺表演时，可参考如下解说词。

中国是茶的故乡，而云南则是茶的发源地及原产地，几千年来勤劳勇敢的云南各民族同胞利用和改良了茶树，开创了人类种茶的历史，为茶而歌，为茶而舞，仰茶如生，敬茶如神，茶已深深地渗入各民族的血脉中，成为生命中最为重要的元素。同时，在漫长的茶叶生产发展历史中创造出了灿烂的普洱茶文化，使之成为“香飘十里外，味酽一杯中”的享誉全球的历史名茶。今天很荣幸为大家冲泡普洱茶，并将历史悠久、滋味醇正的普洱茶呈现于大家面前。

一、摆盏备具

在正式冲泡之前，首先为您介绍一下冲泡普洱茶所用到的各类精美茶具。

流水茶盘，用来盛放各类茶具；茶通，寓意茶源广通，共分 5 小件；茶夹，用来夹洗双杯；茶则，用来量取干茶；茶针，用来疏通堵塞的紫砂壶壶口；茶漏，用于较小的紫砂壶壶口，以防干茶外漏；茶匙，用来拨动茶叶及废弃的茶渣；紫砂壶，产自江苏宜兴，以紫砂泥制者为佳，自古流芳百世的制壶名家有惠孟臣、供春、时大彬等，因普洱茶存放时间较久，茶气较足，味浓而醇厚，所以选泡之壶，宜大不宜小，且要深圆、砂粗、壁厚、出水流畅者为佳；公道杯，用来均匀茶汤及鉴赏汤色；品茗杯，用来品饮香茗；滤网，用来过滤茶渣；茶荷，以瓷制造，用来盛放干茶；杯托，形状如盘而小，用来放置品茗杯；随手泡，用来火煮甘泉。泉分三沸，一沸太稚，三沸太老，二沸最宜，如若随手泡内声若松涛，水面浮珠，视为二沸，用于泡茶最佳。

二、淋壶湿杯

茶自古便被视为一种灵物，所以茶人们要求泡茶的器具必须冰清玉洁，一尘不染，同时还可以提升壶内外的温度，增添茶香，蕴蓄茶味。

品茗杯以若琛制者为佳，白底蓝花，底平口阔，质薄如纸，色洁如玉，不薄不能起香，不洁不能衬色；而四季用杯，也各有色别，春宜“牛目”杯，夏宜“栗子”杯，秋宜“荷叶”杯，冬宜“仰钟”杯，杯宜小宜浅，小则一啜而尽，浅则水不留底。

三、赏茶投茶

普洱茶采自世界茶树的发源地，由云南乔木型大叶种茶树制成，芽长而壮，白毫多，内含大量茶多酚、儿茶素、多糖类物质等成分，营养丰富，具有越陈越香的特点。投茶量为壶身的三分之一即可。

四、洗茶

玉泉高致，涤尽凡尘。普洱茶不同于普通茶，普通茶论新，而普洱茶则讲究陈，除了品饮之外还具有收藏及鉴赏价值，时间存放较久的普洱茶难免存放过程中沾染浮尘，所以通常泡茶前宜快速冲洗干茶 2～3 遍，这个过程俗称为洗茶。

五、泡茶

水抱静山。冲泡普洱茶时勿直面冲击茶叶，破坏茶叶组织，需逆时针旋转进行冲泡。

六、赏汤

普洱茶冲泡后汤色唯美，似醇酒，红油透亮，赏心悦目，令人浮想联翩。

七、分茶

平分秋色。俗语说“酒满敬人，茶满欺人”，分茶以七分为满，留有三分茶情。

八、敬茶

举案齐眉，敬奉香茗，各位嘉宾拿到茶后，切莫急于品尝，可将茶杯静置于桌面上，10 秒钟后静观汤色，会发现普洱茶汤红浓透亮，油光显现，茶汤表面似有若无地盘旋着一层白色的雾气，我们称之为陈香雾。只有年代久远的普洱茶，才可产生如此神秘莫测的现象，并且时间存放越久的茶陈香雾越明显。

九、握杯

下面告诉大家一个正确的握杯方式，用食指和拇指轻握杯沿，中指轻托杯底，形成三龙护鼎，女士翘起兰花指，寓意温柔大方，男士则收回尾指，寓意做事有头有尾，大权在握。

十、闻香

暗香浮动。普洱茶香不同于普通茶，普通茶的香气固定于一定范围内，如龙井茶有豆花香，铁观音有兰花香，红茶有蜜香，但普洱茶之香却永无定性，变幻莫测，即使是同一种茶，不同的年代，不同的场合，不同的人，不同的心境，冲泡出来的味道都会不同，而且普洱茶香气甚为独特，品种多样，有樟香、兰香、荷香、枣香、糯米香等。

十一、初品奇茗

品字由三口组成，第一口可用舌尖细细体味普洱茶特有的醇、活、化，第二口可用牙齿轻轻咀嚼普洱茶，感受其特有的顺滑绵厚和微微粘牙的感觉，最后一口可用喉咙用心体会普洱茶生津顺柔的感觉。

鲁迅先生说，有好茶喝，会喝好茶，是一种清福，让我们都来做生活的艺术家，泡一壶好茶，让自己及身边的人享受到这种清福。

实训安排

实训项目	普洱茶茶艺表演
实训要求	（1）能够熟练掌握普洱茶的冲泡流程 （2）能够熟练掌握普洱散茶和紧压茶的不同冲泡方法
实训时间	90 分钟
实训场所与工具	（1）可以进行茶叶鉴别的茶艺实训室 （2）多媒体教室、七子饼茶、普洱散茶 （3）茶盘、随手泡、茶杯、茶荷、茶叶桶、茶巾、滤网、紫砂壶、公道杯、品茗杯
实训方法	示范讲解、分组练习、小组考评

实训步骤及要求：

（1）教师演示普洱茶茶艺表演。

（2）指导学生分组练习、互相考评普洱茶的冲泡方法。

（3）学生完成实训报告。

实训报告单

一、仪容仪态

实训项目　　　　　　　　班级　　　　　组别　　　　　姓名　　　　　学号

序号	内容	考核要求	评分标准	配分	扣分	得分
1	仪容仪表	着装整洁	着装不整洁，扣 10 分	10		
2	语言	语调准确、语言有内涵	语言粗重、不正确，扣 10 分	10		

续表

序号	内容	考核要求	评分标准	配分	扣分	得分
3	动作	举止大方，动作优美、自然，不生硬死板	动作生硬、不灵活，扣 10 分	10		
合计				30		
考评员签字						

二、茶叶冲泡

实训项目　　　　　　班级　　　　组别　　　　姓名　　　　学号

序号	内容	考核要求	评分标准	配分	扣分	得分
1	选择茶具，茶具摆放	茶具选择准确，摆放位置标准	茶具摆放位置不标准，扣 5 分	10		
2	茶叶解说	介绍茶叶特性	茶叶特性介绍不全面，扣 3 分	5		
3	温具	水温正确，介绍温具目的	水温不正确，扣 3 分	5		
4	赏茶	赏茶动作正确、连贯	赏茶动作不正确、连贯性差，扣 5 分	7		
5	行礼	行礼正确	行礼不正确，扣 3 分	5		
6	置茶	茶量正确，介绍置茶量	茶量不准，扣 5 分	5		
7	冲点	高冲水，手势优美，简明介绍	冲水方法不对，扣 4 分	8		
8	斟茶	茶汤均匀，低斟茶，断水好，七分满	断水不好，扣 2 分；斟茶过满，扣 3 分	8		
9	奉茶	有祝福语，动作优美	无祝福语，扣 3 分；动作不优美，扣 2 分	5		
10	品茶	介绍品茶方法，语言优美自然	品茶方法介绍不对，扣 5 分	5		
11	整理	将桌面整理干净，行礼退出	未整理桌面，扣 5 分	7		
合计				70		
考评员签字：						

任务总结

普洱茶是众多茶叶中独具特色的一种，其经过大自然风吹日晒的洗礼，染上了岁月的痕迹。独特的香气，醇厚的滋味，绵长的回甘，无一不显示出普洱茶深沉、内敛的品质。普洱茶在沉淀和积蓄中，内质因岁月雕琢而完美，如人生经历酝酿的成熟，底蕴深厚，大气浑然。品味陈韵，诠释的不仅是茶中真味，更是时间的分量和岁月的意义。

项目十一　掌握花茶茶艺

任务 1　学习花茶盖碗冲泡法

知识目标

了解花茶的功效

掌握花茶盖碗冲泡法的基本内容

实训目标

掌握花茶的盖碗泡法及冲泡要领

任务导入

严冬过去，气温回暖，大地回春，这时应饮些清香四溢的茉莉花茶。有人说："品饮花茶，敞杯下饮，香气扑鼻；开杯即饮，满口生香；饮后空杯，留香不绝。"茉莉花茶既有茶的味，又有花的香，能沁人肺腑，含有大量芳香油、香叶醇、橙花椒醇、丁香酯等 20 多种化合物，能有效调节人的生理功能，驱寒，去除胸中浊气，促进人体阳刚之气回升。

知识准备

花茶是诗一般的茶，是融茶味之美、鲜花之香于一体的茶中艺术品。冲泡花茶一般采用盖碗（图 11-1），其结构为茶碗、茶盖、茶托，这种敞口式结构便于注水和观察碗中茶景，反碟式的茶盖，既可掩盖茶汤香气，又可用以拨动碗中浮面茶叶、花干，茶托用于托放茶碗，使饮茶时不致烫手，特别适合于个人品茗时使用，既可品到花茶的真香本味，也是一种较为风雅的饮茶方法。冲泡时，茶和水的比例大约为 1∶50，即 1 克茶用 50 毫升开水冲泡。注水后要立即盖上杯盖，以防香气散失。

图 11-1　盖碗

一、备具

基本茶具为盖碗、茶盘、茶叶罐、茶荷、茶匙、随手泡、茶巾、水盂等。

二、选茶

花茶属于再加工类茶，而茉莉花茶又是众多花茶品种中的名品，茉莉花茶干茶色泽黑褐油润，汤色黄绿明亮；花香浓郁，鲜灵持久；茶味醇厚鲜爽；条索紧细匀整；叶底嫩匀柔软。

三、煮水

冲泡花茶的水温一般为90～95℃。

四、冲泡要领

（一）温碗

冲泡前，先以初沸水冲洗盖碗杯，目的在于预热和对客人表示尊敬。

（二）掌握茶量

每碗投茶量为2～3克。

（三）冲水

按同一个方向将每个盖碗注入少许开水，以浸润碗中花茶（约10秒钟），然后再向碗中冲水至七八分满，随即加盖，不使香气散失。

（四）奉茶

双手连托端起盖碗敬茶。

（五）品茶

花茶品饮，需闻香、观色、啜饮，以闻香为主。花茶融茶的神韵与花的芬芳于一体，所以冲泡时要使茶尽展神韵，使花尽吐芬芳。

盖碗茶的品饮方法与玻璃杯、瓷杯的品饮方法有所不同，有其特色。持盖碗饮茶动作要舒缓轻柔，不宜随意将盖子揭开来牛饮。首先，右手拇指及中指夹持盖纽两侧，食指抵于纽面，持盖后转动手腕，使盖里垂直朝向自己的鼻子，用力吸气，嗅闻盖面茶香，越是优质的花茶则香气越是鲜灵、浓醇。其次，持盖碗沿里侧将茶汤表面撇向碗外侧，共三次，目的是撇去表面的浮叶，观看茶汤色泽。最后，将盖斜搁于碗面，使靠身体的一侧碗面留出一条狭缝。女性应双手端起碗托，将碗托底置于左手掌上，右手用拇指及中指夹碗沿，食指抵住盖纽，无名指和小指可微微上翘成兰花指，小口从碗面狭缝中啜饮。男士与女士用盖碗喝茶的手法有所不同，男士用盖碗喝茶可用单手，左手半握拳搭在左胸前桌沿上，右手用拇指及中指夹盖碗，食指抵住盖纽，无名指和小指自然下垂，小口从碗面狭缝中啜饮。

实训安排

实训项目	花茶冲泡练习
实训要求	（1）熟悉花茶的常用冲泡方法 （2）熟悉掌握花茶的盖碗泡法

续表

实训时间	45 分钟
实训环境	可以进行花茶冲泡练习的茶艺实训室
实训工具	茶盘、盖碗、茶道组、随手泡、茶荷、花茶 12 克
实训方法	示范讲解、情景模拟、小组讨论法

实训步骤及要求：

（1）指导教师展示花茶各种泡法所使用的茶具。

（2）指导教师演示花茶的盖碗冲泡方法。

（3）讨论并掌握花茶冲泡方法的使用条件。

（4）重点练习花茶盖碗泡法的流程、手法。

任务总结

花茶是我国独特的种类茶，“嫩茶、鲜花，芬芳人人夸”正是花茶的特点。古人把对花喝茶视作别有风韵，嫩茶、鲜花交融，相得益彰，回味无穷。花茶大多用盖碗冲泡，能维持香气和显示茶坯特质。一些特别细嫩的高档花茶也可以用玻璃杯冲泡，以观“茶舞”，可看到叶子在水中徐徐展开，展现出蓬勃的生机和活力。

任务 2　学习茉莉花茶茶艺表演

知识目标

掌握茉莉花茶茶艺表演的内容和流程

实训目标

能够独立完成茉莉花茶茶艺表演

任务导入

因具有风情万种的香味，茉莉花一直为人喜爱。《中药大辞典》中记载，茉莉花有“理气开郁、辟秽和中”的功效，并对痢疾、腹痛、结膜炎及疮毒等具有很好的消炎解毒的作用。常饮茉莉花，有清肝明目、生津止渴、祛痰治痢、通便利水、祛风解表、疗瘘、坚齿、益气力、降血压、强心、防龋、防辐射损伤、抗癌、抗衰老之功效，使人延年益寿、身心健康。

知识准备

花茶融花之香与茶之韵于一体，通过引花香、增茶味使花香茶味珠联璧合、相得益彰，从花茶中我们可以品饮出春天的气息。

一、烫杯——春江水暖鸭先知

“竹外桃花三两枝，春江水暖鸭先知”是苏东坡的一句名诗。苏东坡不仅是一个多才多艺的大文豪，更是一个至情至性的茶人。借助苏东坡的这句诗描述烫杯过程，茶盘中经过开水烫洗之后，冒着热气的茶杯，恰似一只只正在春江中戏水的小鸭子。

图 11-2

二、赏茶——香花绿叶相扶持

茉莉花茶选用优质的绿茶作为茶坯，以清香的茉莉鲜花窨制入茶，干茶色绿质嫩，茶中还混合有少量白净明亮的茉莉花干，称为“锦上添花”（图 11-2）。

三、投茶——落英缤纷玉杯里

把花茶从茶荷拨进盖碗中，花干和茶叶飘然落下，恰似落英缤纷的美景。

四、冲水——春潮带雨晚来急

冲泡花茶使用 90℃左右的热水。水流直泻而下，注入杯中，花茶随水浪上下翻滚，恰似“春潮带雨晚来急”。

五、闷茶——三才化育甘露美

冲泡花茶一般使用盖碗，也叫三才杯，杯盖代表天，杯托代表地，中间的茶杯代表人，茶人们认为茶是“天涵之，地载之，人育之”的灵物，闷茶的过程象征着天、地、人三才合一，共同孕育出茶的精华。

六、敬茶——一盏香茗奉知己

敬茶一般包括嗅茶、温壶、装壶、请茶、续茶等步骤。

七、闻香——杯里清香浮情趣

品饮花茶讲究“未尝甘露味，先闻圣妙香”。闻香应以左手握杯，靠近杯沿用鼻轻嗅杯中叶底发出的香气，嗅时应重复一二次，但每次嗅时不宜过久，以免因嗅觉疲劳失去灵敏度，一般每次 3 秒左右。

八、品茶——舌端甘苦入心底

品茶时应该小口喝入茶汤，并在口腔中稍作停留，使茶汤充分地与味蕾接触，以便于更精细地品悟花茶所独有的“味轻醍醐，香薄兰芷”的花香与茶韵。

九、回味——茶味人生细品悟

茶人们认为，一杯茶可以喝出百味，有的人“啜苦可励志”，有的人“咽甘思报国”。无论茶是苦涩、甘鲜，还是平和、醇厚，从一杯茶中人们都会有良多的感悟和联想，所以品茶重在回味。

十、谢茶——饮罢两腋清风起

唐代诗人卢仝在他传诵千古的《走笔谢孟谏议寄新茶》一诗中写出了“七碗吃不得也，唯觉两腋习习清风生”的品茶绝妙感受。

茶使人神清气爽，延年益寿，只有细细品味，才能感受到那“清风两腋生，神游三山去”的绝妙之处。

实训安排

实训项目	茉莉花茶茶艺表演
实训要求	（1）熟悉茉莉花茶茶艺表演流程 （2）能够熟练进行茉莉花茶茶艺表演
实训时间	45 分钟
实训环境	可以进行花茶茶艺表演练习的茶艺实训室
实训工具	茶盘、盖碗、茶道组、随手泡、茶荷、花茶 12 克等
实训方法	示范讲解、情景模拟、小组讨论法

实训步骤及要求：

（1）指导教师讲解茉莉花茶茶艺的表演要点。

（2）指导教师演示茉莉花茶茶艺。

（3）分组、分步骤练习茉莉花茶茶艺。

（4）独立进行茉莉花茶茶艺表演。

任务总结

花茶属于再加工类茶，而茉莉花茶又是众多花茶品种中的名品。茉莉花的香气一直为广大饮花茶的人所喜爱，被誉为可窨花茶的众生之冠。宋代诗人姜夔的《茉莉》赞曰：“他年我若修花史，列做人间第一香。”茉莉花茶素有“茶中美女”之称，泡饮时可欣赏其外观形态。花茶的冲泡以能维持香气不致散失和显示特质美为原则。

主要参考文献

艾敏，2015．茶器茶具［M］．北京：电子工业出版社．

陈清和，2015．茶席窥美［M］．北京：九州出版社．

陈文华，余悦，2004．茶艺师（初、中、高级技能）［M］．北京：中国劳动社会保障出版社．

陈郁榕，2010．细品福建乌龙茶［M］．福州：福建科学技术出版社．

陈钰，2010．中华茶之艺［M］．北京：地震出版社．

陈宗懋，2008．中国茶经［M］．上海：上海文化出版社．

池宗宪，2010．茶席［M］．上海：生活·读书·新知三联书店．

方鹏程，2016．爱茶［M］．北京：北京时代华文书局．

冈仓天心，2010．茶之书［M］．尤海燕，译．北京：北京出版社．

何厚余，2010．用心学泡茶［M］．北京：中华书局．

霍艳平，2011．新手学泡茶［M］．北京：中国轻工业出版社．

李洪，2011．轻松茶艺全书［M］．北京：中国轻工业出版社．

林治，2011．中国茶艺学［M］．北京：世界图书出版公司．

刘修明，2002．茶与茶文化基础知识［M］．北京：中国劳动社会保障出版社．

陆羽，2010．茶经［M］．沈冬梅，评著．北京：中华书局．

罗军，2016．中国茶密码［M］．北京：生活·读书·新知三联书店．

王玲，2010．中国茶文化［M］．北京：九州出版社．

王迎新，2013．吃茶一水间［M］．济南：山东画报出版社．

吴远之，2013．大学茶道教程［M］．北京：知识产权出版社．

杨文，李捷，2013．中国茶艺基础教程［M］．北京：旅游教育出版社．

杨学军，2010．识茶·泡茶·品茶——茶隐老杨说茶道［M］．北京：中国纺织出版社．

杨亚军，2009．评茶员培训教材［M］．北京：金盾出版社．

张金霞，陈汉湘，2011．茶艺指导教程［M］．北京：清华大学出版社．

张凌云，2011．茶艺学［M］．北京：中国林业出版社．

张美娣，朱匡宇，2010．茶道茗理［M］．上海：上海人民出版社．

张楠宁，2012．茶艺［M］．北京：高等教育出版社．

郑春英，2013．茶艺概论［M］．2 版．北京：高等教育出版社．

周作明，2010．茶艺［M］．北京：高等教育出版社．

朱自励，2014．茶艺理论与实践［M］．北京：中国人民大学出版社．